高温矿井温度场演化规律与降温技术研究

张立新　著

中国矿业大学出版社

·徐州·

内 容 提 要

本书针对目前国内外高温矿井热害与降温问题,将热源放热理论、风流热交换理论和降温技术相结合,提出了矿井热害分析和降温技术优化方法,并结合工程实际进行了介绍。

全书共 7 章内容,主要包括:高温矿井热害的研究现状及存在的问题,矿井热源分类及放热计算方法,热源与风流热交换规律及温度场分布,矿井风流参数预测与多热源作用下温度场分布规律,矿井风流参数预测与多热源作用下温度场分布规律,东海矿回采工作面降温技术方案优化,结论、创新点及展。

本书适用于矿业工程、通风与安全工程等专业的研究生以及相关领域科研工作者和工程技术人员参考使用。

图书在版编目(CIP)数据

高温矿井温度场演化规律与降温技术研究 / 张立新
著. —徐州:中国矿业大学出版社,2023.4
ISBN 978 - 7 - 5646 - 5800 - 7

Ⅰ. ①高… Ⅱ. ①张… Ⅲ. ①高温矿井—温度场—研究②高温矿井—热环境—降温—研究 Ⅳ. ①TD72

中国国家版本馆 CIP 数据核字(2023)第 071468 号

书　　　名	高温矿井温度场演化规律与降温技术研究
著　　　者	张立新
责任编辑	杨　洋
出版发行	中国矿业大学出版社有限责任公司
	(江苏省徐州市解放南路　邮编 221008)
营销热线	(0516)83884103　83885105
出版服务	(0516)83995789　83884920
网　　　址	http://www.cumtp.com　**E-mail**:cumtpvip@cumtp.com
印　　　刷	苏州市古得堡数码印刷有限公司
开　　　本	787 mm×1092 mm　1/16　**印张** 7.75　**字数** 143 千字
版次印次	2023 年 4 月第 1 版　2023 年 4 月第 1 次印刷
定　　　价	46.00 元

(图书出现印装质量问题,本社负责调换)

前 言

随着煤炭开采向深部发展，由开采深度的增加和采掘机械化程度的提高所引起的矿井热害问题越来越严重，已经成为制约煤矿安全开采的难题之一。矿井的高温环境，不但影响矿山企业的安全生产和降低作业人员的工作效率，而且危害职工的身心健康和生命安全。改善井下气候条件，防止热害发生，进行热害防治理论和技术研究，已经成为煤矿安全高效生产的重要任务。

本书以传热学、流体力学、地质学、通风安全学、采矿学为基础，在热源传统分类方法的基础上，按照热源的空间尺度不同，将热源分为点源、线源和面源；分析了原岩温度和矿井风流热力学参数的测定方法，完善了矿井热害调查方法；采用 Comsol Multiphysics 软件分别对巷道内点源、线源、面源与风流的热交换进行了数值模拟分析，得出了不同热源、不同位置等条件下与风流热交换的基本规律和巷道内温度场分布状态。

对矿井巷道内的热源分布和风流影响因素进行了研究，建立了井下风流压力和温度预测的热力学参数计算模型，提出了沿风流流动路线对风流温度进行分段叠加的预测方法；对巷道内存在多种热源耦合作用下风流温度进行了数值模拟，得到了多热源相互作用下风流温度场的分布状态和演化规律；对矿井降温技术方案采用数值模拟方法进行了优化，研究结果表明：该方法能够准确预测采用降温方案后风流的温度，为科学准确地制订降温方案提供依据。

以东海矿生产工作面为例，根据实际存在的热害问题，采用现场测试、理论分析等方法，对工作面进行了热源解析，提出了降温技术方案,并采用数值模拟对降温方案进行了优化和温度预测,将预测结果与实际应用效果进行了比较,结果表明该方法可以用于确定实际矿井降温方案。

作　者

2022 年 10 月

目　　录

1 绪 论

1.1 问题的提出

随着中国经济的快速增长和人民生活水平的不断提高,能源的总需求量逐年增长。然而,由于长期开采,浅部资源日渐枯竭,使得大部分煤矿开采不得不向深部发展。深部开采将面临巷道围岩变形、矿井煤与瓦斯突出、冲击地压、矿井高温热害、矿井水灾、煤层自燃等问题[1]。其中矿井高温热害问题是继煤矿"五大灾害"之后的又一新的自然灾害。矿井热害不但降低工人的工作效率,而且严重威胁工人的身心健康和生命安全[2-3]。《煤矿安全规程》(2016 年版)明确规定:"生产矿井采掘工作面空气温度不得超过 26 ℃,机电设备硐室的空气温度不得超过 30 ℃";"采掘工作面的空气温度超过 30 ℃、机电设备硐室的空气温度超过 34 ℃时,必须停止作业"。此外,《煤炭资源地质勘探地温测量若干规定》和《煤炭工业矿井设计规范》(GB 50215—2015)指出:平均地温梯度不超过 3 ℃/100 m 的地区为地温正常区。超过 3 ℃/100 m 的地区为高温异常区。原始岩温高于 31 ℃的地区为一级热害区,原始岩温高于 37 ℃的地区为二级热害区。

目前煤矿开采由浅部转向深部,深井开采时围岩表现出"三高"特征,即高地应力、高地温、高渗透压[4-5]。根据中国第三次煤炭资源预测,中国埋深 2 000 m 以内的煤炭资源总量为 5.57 万亿 t,资源总量居世界第一[6]。东部地区煤炭资源主要富集于东北、华东区域,但是主要生产矿井已进入开发中后期,主体开采深度已达 800 m 以下,并以每年平均 8~12 m 的速度向下延伸,与之相对应的矿井热害问题越来越受到人们关注。目前,中国各类煤矿高温矿井分布在黑龙江、辽宁、河北、山东、河南、湖北、湖南、江苏、江西、安徽、重庆、福建、广西等 13 省(区)[7],矿井开采深度为 310~1 300 m。矿井最深的为山东新汶矿业集团的孙村煤矿,井深超过了 1 350 m,目前是亚洲煤矿第一深井,高温矿井采掘工作面的温度为 26~36 ℃,相对湿度在 45%~100%之间,矿井高温热害问题突出。

华东和华中地区是我国高温矿井分布比较集中的区域,这两个地区的煤矿开采时间长,矿井开采深度大,围岩放热量大。这两个地区的高温矿井数量占全国高温矿井数量的 87.1%。表 1-1 为中国煤矿高温矿井分布情况表,表 1-2 为中国部分深热矿井原岩温度及工作面风流温度情况简表[8]。

表 1-1 煤矿高温矿井分布情况简表

地区	国有重点煤矿		地方煤矿		煤矿总数	
	煤矿数/座	比例/%	煤矿数/座	比例/%	煤矿数/座	比例/%
华北	1	2.17	0	0.0	1	1.6
东北	5	10.86	0	0.0	5	8.1
华东	26	56.5	10	62.5	36	58.1
华中	13	28.3	5	31.2	18	29
西南	1	2.17	0	0.0	1	1.6
华南	0	0.0	1	6.3	1	1.6
合计	46	100.0	16	100.0	62	100.0

表 1-2 中国部分深热矿井原岩温度及工作面风流温度情况简表

矿名	水平标高/m	原岩温度/℃	工作面风温/℃	地温梯度/(℃/100 m)
平顶山五矿	−650	50	31～35	3.7
平顶山天安六矿	−830	45		3.2～4.4
新汶孙村矿	−800	42	39.5	2.2
兖煤赵楼矿	−860	37～45	31～35	2.78
鲁能郭屯矿	−750	37～47	31～36	3.24
徐州三河尖矿	−700	38.2	33.6	3.24
长广七矿	−850	41	36～38	
丰城建新矿	−600	42	36	3.0
北票台吉矿	−722	33.4	30.5	2.7
淮南潘一矿	−525	34.7～35.1	26.6～30.4	3.6～3.76
淮南潘二矿	−535	35.0	26.8～28.2	3.44～3.62
淮南潘三矿	−650	36.9～38.2	29～31.6	3.24～3.44
淮南丁集矿	−750	37.5		2.88
淮南顾桥矿	−600	33.5		2.95
淮南张集矿	−600	37		3.5
淮南谢桥矿	−610	38.4	27～34	3.7
淮南桂集矿	−620	38.6		3.67

随着煤炭工业的发展,越来越多的矿井由浅部开采转为深部开采,开采深度的增加使矿井原岩温度升高,也必然有越来越多的矿井会遇到高温热害问题,如何消除矿井高温热害,改善井下作业环境,降低工人劳动强度,是高温矿井迫切需要解决的问题。

综上所述,对煤矿工作者来说,研究高温深井热害产生的机理和防治理论及矿井降温技术具有更重要的科学意义和现实意义。

1.2　矿井高温对人体的危害

矿井热害包括高温和高湿两个方面,具体来说是指井下空气的温度、相对湿度、风速和环境温度达到一定值后,工人身体散热困难,感到闷热,进而出现中暑症状,如大汗不止、体温升高、头昏、虚脱、呕吐等,致使劳动生产率下降,甚至有死亡的危险[9-10]。

(1) 高温的危害

工人长期在高温环境中作业,身体内会出现一系列生理功能的改变,在一定范围内调节身体的生理功能以适应外界高温环境,但是如果超出人体承受能力,就会产生一系列不良的生理反应[11-14],主要表现为体温和皮肤温度升高,体温调节产生障碍;水盐代谢出现紊乱,有机体的机能受到影响;神经系统兴奋性降低,工人反应迟缓;加重循环系统负担,心率加快;消化系统功能受到抑制,吸收速度减慢;因出汗而导致水和电解质的丢失,泌尿系统紊乱。这些生理上的变化能够加速工人疲劳,降低工作的注意力和反应能力,降低了劳动生产率,增大了工伤事故发生的概率。

(2) 高湿的危害

高湿是指矿山井下的相对湿度达到 80% 以上[15]的空气环境。长期在高湿环境中作业的工人,体内产生的热量不能有效散发出去,正常的生理功能受到影响,代谢失去平衡,容易出现中暑晕倒的现象,严重情况下可能会死亡。除此以外,长期在高湿环境中作业的矿工,极易患上风湿病、皮肤病、心脏病等职业病,还会使人心情浮躁,诱发心理疾病。可见,井下高湿的空气环境严重影响矿工的身心健康。

与劳动人员的感觉关系最密切的三个气候因素分别是温度、相对湿度和风流速度。表 1-3 为不同的井下气候条件下劳动人员的感觉。

表 1-3　不同的井下气候条件下劳动人员的感觉

风温/℃	相对湿度/%	风速/(m/s)	矿工感觉
	96	<0.5	闷热
21～28	97	0.5～2.0	热
	97	2.0～2.5	稍热
	97	<1.0	闷热
28～29	97	1.0～2.0	热
	97	2.0～3.0	稍热
	97	>3.0	凉爽
	97	<1.5	闷热
29～30	95	1.5～3.0	热
	96	3.0～4.0	稍热
	95	>4.0	凉爽
>30	95	>4.0	热

　　衡量人体的感觉和生理上的影响,一般采用有效温度来表示。表 1-4 为调查统计的有效温度对劳动人员生理上的影响。由表 1-4 可以看出:当空气中的有效温度大于 32 ℃时,工作人员就有不适感;当有效温度大于 35 ℃时,人体出汗量急剧增加,水盐代谢也急剧加快,心脏负担加重,身体健康将受到损害。

表 1-4　井下不同风流温度对人体的影响

有效温度/℃	感觉	生理学作用	肌体反应
42～40	很热	强烈的热效应影响出汗和血液循环	妨害心脏血管的血液循环
35	热	随着劳动强度增加,出汗量迅速增加	心脏负担加重,代谢加快
32	稍热	随着劳动强度增加,出汗量增加	心跳加快,稍有不适感
30	暖和	以出汗的方式进行正常的体温调节	没有明显的不适感
25	舒适	靠肌肉的血液循环来调节	正常
20	凉快	利用衣服帮助体温调节	正常
15	冷	鼻子和手的血管收缩	黏膜、皮肤干燥

　　在高温高湿的空气环境中,工人易产生心理疲劳、焦躁、精神涣散等多项症状,同时人的中枢神经系统的兴奋度下降,身体的反应速度和协调性降低,工作能力和动作的准确性受到影响,高温高湿环境还会使大脑皮层兴奋度降低,使工人注意力不集中,从而导致工作中的失误显著增加,容易引发工伤事故[16-17]。

根据文献[18]和文献[19],工作地点风流温度为 26～30 ℃时,劳动效率系数为 0.8,风流温度高于 30 ℃时,劳动效率系数为 0.7,而且事故发生率增大。

高温除了会给工人身体带来极大的危害外,还会加速井下煤炭氧化,使空气中的氧气含量减少,有害气体成分增加,容易引起矿井自然发火事故的发生。此外,高温高湿的井下环境还会加剧井下设备及材料的腐蚀,加速设备磨损,缩短其使用寿命;还会使电气线路绝缘程度下降,易产生电气事故,威胁安全生产。

1.3 国内外研究现状及存在的主要问题

1.3.1 矿井降温的理论研究现状

矿井热害现象很早就被人们所重视,早在 1740 年,在法国 Belfort 附近的矿山中开始的地温测定,是国外研究矿井高温问题较早记载。18 世纪末,英国通过系统地观测井巷围岩温度,得出地温随深度增加而升高的基本规律。1923 年 Heise Drekopt 假定巷道壁面温度为稳定周期变化条件下,解析了围岩内部温度的周期变化,提出了调热圈的概念,这是研究矿内热环境问题的最初理论。从 20 世纪 20 年代开始到 50 年代末,南非、英国、日本、苏联等国家的学者对矿井风流热力学、调热圈、矿井热环境以及深井风温测量等做了大量的研究工作,取得了一定的成果,提出了风温计算的基本思路,并提出了围岩调热圈温度场在理想化条件下的理论解,同时给出了较为精确的不稳定换热系数和调热圈温度场的计算方法,这些工作为矿井传热理论的研究奠定了基础[20]。20 世纪 50 年代末到 70 年代初,计算机技术的应用使矿井降温理论有了快速发展,如 1955 年,平松良雄提出围岩与风流的传热方程以及随时间变化的风流温度的近似算法; Notort 等于 1961 年发表了采用数值计算方法描述围岩调热圈和温度场的学术论文[21-22]。同时矿内热环境的测试技术也进入了实用阶段,如 1964 年,Mucke 用板状试块测定了岩石导热系数[22];1967 年,Starfield 等[23-26]较充分地论述了巷道在潮湿、有质交换的条件下与风流的热湿交换规律等,从此,矿井降温理论向实用化方向发展[23-26]。

从 20 世纪 70 年代开始,矿井降温形成了学科理论体系,进入快速发展阶段,关于矿井降温的理论研究迅猛发展,一些降温专著相继问世,如苏联学者舍尔巴尼等编著的《矿井降温指南》、日本平松良雄编著的《通风学》、约阿希姆·福斯著的《矿井气候》等对矿井热害的原因和矿井降温理论进行了较系统的阐述,内容深入至采掘工作面热源及热害治理和井筒的风流温度控制等问题[27-30]。德国和美国的研究人员也相继提出了一整套采掘工作面风温计算方法和控制矿内热环境的对策。进入 20 世纪 80 年代,许多国家都开始对矿井降温进行研究,此时有关矿井降温的理论研究达到了一个新的水平。日本内野提出了考虑入风温度变化、有水影响条件下的风温计算公式,并用差分法求得不同巷道、岩性等情况下调热圈的大小和范围。日本内野提出了较为完整的矿井降温设计的程序数学模型,南非的 Starfeld 等提出了更为精确的不稳定传热系数的计算公式[30-32]。

20 世纪 50 年代,煤炭科学研究总院抚顺分院在抚顺煤矿进行了地温考察和气象参数的观测,是中国矿井降温理论研究开始的标志,对矿内风流的热力状态进行了观测分析。20 世纪 50 年代至 70 年代,为学习、试验、观测和基础资料积累阶段。在这个阶段,通过学习、吸收和消化国外的矿井降温技术,先后在平顶山、新汶、抚顺、淮南、北票等矿区进行了矿井热环境观测工作,并进行了矿井降温技术试验,为中国矿井降温理论研究和技术的发展奠定了基础。矿井降温的基础理论涉及工程热力学、流体力学、地热学、地质学、水文地质学、劳动卫生学及环境工程学等多个学科,这些学科的相互渗透便形成了矿井降温的基本理论,即矿山热力学理论。20 世纪 70 年代,煤炭科学研究总院抚顺分院在国内首次提出了矿井热力学计算方法[33]。

20 世纪 70 年代至 90 年代初,中国科学院地质研究所地热室与原煤炭工业部合作,先后对开滦矿、兖州东滩矿等进行了矿山地热专项研究,逐步开展了矿井热害的治理研究,把矿井热害问题作为未来矿井开采的又一灾害,认为矿井热害的治理工作将成为制约高温矿井安全开采的瓶颈[34-35]。

20 世纪 80 年代,经过学者对矿井热害机理和降温理论多年的研究,矿井降温理论有了实质性的发展,该时期出现了大量有价值的关于矿井降温理论的研究成果,代表性的论文成果主要有黄翰文的《矿井风温预测的探讨》《矿井风温预测的统计研究》,专著成果主要有杨德源编著的《矿井风流的热交换》,余恒昌等编写的《矿山地热与热害治理》等,这些研究成果较系统地对矿山的热害来源、热害的预防及处理、热害地点的风流温度预测以及热害的治理技术等进行详细论述,进一步丰富和发展了中国矿井降温的理论体系,为一般条件下巷道围岩放热和风温计算提供理论基础[36-41]。吴世跃、王英敏、秦跃平、秦风华等分别对干、湿巷道内的传热及传质系数和不考虑水分情况下围岩与风流的不稳定换热系数进行研究,为研究围岩与风流之间的热量计算提供了理论依据和参考[33]。

在最近十几年内,对矿井热害与降温技术的研究更是上了一个新的台阶,吴中立[42]、郭勇义等[43]、张国枢[44]对矿井高温热害现象进行了论述。杨胜强[45]对高温、高湿矿井风流热力动力变化规律进行研究,推导出了适合于高温、高湿矿井的风流运动基本理论方程组,并引入热阻力概念和推导出了热阻力的计算公式。苏昭桂[46]提出了巷道围岩导热反问题的概念和原理,通过对巷道围岩导热反问题解的不确定性分析,得到了巷道围岩导热反问题的解,并阐述了巷道围岩导热反问题中敏感度系数对反演结果的影响。杨德源[47]研究了高温热害矿井的有关资料后,总结出矿井风流的热交换规律,并提出了风流的热力计算方法。汪峰等[48]以济宁二号井实际热害情况为例,分析了风流自地面流向井下采掘工作面的过程中其温度、焓、含湿量和相对湿度沿程变化规律,为高温矿井的热源、湿源分析以及采取热害治理措施提供了依据。胡军华[49]根据矿井风流热交换基本原理,提出了井巷壁面对风流放热系数的计算公式,以及围岩与风流不稳定换热系数的计算公式。高建良等[50]对潮湿巷道中风流温度和湿度的计算方法进行了改进,提出将饱和空气含湿量与温度的关系拟合为二次曲线,计算巷道壁面水分蒸发的方法。刘亚俊等[51]、孙树魁、张树光[52-53]对井下地温场分布规律及开采后巷道温度场的分布规律进行了研究,建立了巷道温度场的数学模型,确定了巷道内部温度场随埋深和通风速度的变化规律。李学武[54]建立了风流通过井巷的热力学模型,按热力学因素确定矿井风量,最后确定矿井通风降温开采深度的基本数学模型。袁梅等[55]以工程热力学、传热学为基础,设计开发了矿井空气热力状态参数的计算机预测系统,对新矿井或新水平各作业点的风流温度和湿度做出了预测。李杰林等[56]采用数值模拟方法,结合井下高温环境的特点,对高温热环境进行数值模拟计算,并提出了采用预计热舒适指标(PMV)评价环境热舒适程度的方法。侯祺棕等[57]通过分析温度与湿度之间的关系,对矿井湿热交换后空气热力参数进行了预测,建立了风流温湿度预测模型。2002年,吴强等[58]、P. D. Sun[59]秦跃平等[60]将有限元理论应用到掘进工作面和回采工作面的围岩散热计算中,阐述了有限元解算的原理,由此原理和方法,借助计算机技术,分析了围岩温度场及其散热的特点和规律。

随着计算机的发展,周西华等[61-62]利用计算机模拟技术对掘进工作面和回采工作面的风流场和温度场进行了模拟和预测,其成果为进一步研究矿内风流热、湿环境提供了更为先进的方法。高建良等[63-65]也借助计算机技术对风流热环境、风流与围岩的热交换过程和巷道调热圈等进行了数值模拟分析。近年来,一些学者把矿井中的热害作为一种资源加以回收利用,在采用降温技术治理井下热害的同时,提取井下热源中的热能来进行地面供暖和发电,为深井高温热害资源化利用开辟了新的技术途径。中国矿业大学何满潮团队在矿井地热利用方面做了大量的研究工作并进行了工业试验[66-67]。

1.3.2 降温技术研究现状

矿井降温技术经过多年的发展,已经形成了成熟的矿井降温技术体系,这些降温技术按照是否需要采用设备制冷,总体上可以分为非人工制冷降温技术和人工制冷降温技术两大类,其中非人工制冷降温技术是比较传统的降温方法,是指矿井还未进入深部开采之前所采用的降温技术,而人工制冷降温技术是因非人工制冷降温不能满足降温工作的需要,利用先进的科学技术来解决矿井热害问题的方法。

非人工降温技术主要包括采用通风方法降温、隔离热源、预冷煤层、充填采矿和个体防护等[68-73]。非制冷的降温经过多年的发展与实践,积累了丰富的经验,其特点是降温工艺简单,技术成熟,降温成本相对较低,但是降温能力有限,只适用于矿井热害较轻的矿井和采区。由于采用的降温方法不同,降温效果和经济效益也各不相同。

人工制冷降温技术主要包括人工制冷水降温技术、人工制冰降温技术和矿井空调降温技术等。人工制冷降温技术制冷量大,降温效果明显,能有效改善井下空气环境,但是存在初期投入和运行成本高,有些技术还不够成熟以及设备运行稳定性差等问题。

世界各高温矿井国家对矿井降温技术的研究已经有近一个世纪的历史。1915 年,世界上第一个地面集中制冷站在巴西的莫劳约里赫(Morro Velno)金矿建立,这是世界上首次采用矿井空调系统来解决井下高温问题。1923 年英国的彭德尔顿煤矿第一次在井下采区安设制冷机,冷却采面风流,成为世界上最早在井下采用空调技术进行局部制冷的矿井。1924 年,德国拉德劳德(Radlod)煤矿在井下 958 m 深处建立了集中制冷站。从 20 世纪 70 年代开始,以德国为首的各个国家展开了以矿井集中空调为主的人工制冷技术的研究工作[74-79]。

苏联从 20 世纪 70 年代开始在采深达 1 200 m、原岩温度高达 40~45 ℃ 的矿井中采用大规模的矿井空调降温系统,该系统井下单机制冷能力最大达1.5 MW,地面制冷能力达 4.2 MW,有效解决了工作地点处的高温问题。1983 年波兰首次在井下安装了一套局部空调装置,制冷量为 0.25 MW。东欧国家矿井降温技术的研究重点是小制冷量的局部或分散式机械制取冷水降温系统,由于设备可靠性较差而没有得到广泛应用。

世界上矿井空调规模最大的当属南非金矿,由于开采的是贵重金属,矿井开采深度平均在 3 000~5 000 m 之间,原岩温度在 50~70 ℃ 之间,因此矿井高温热害极其严重,南非采用冰冷低温辐射降温空调系统进行降温,取得了较好的效果。1985 年 11 月,南非首次采用冰作为载冷剂进行井下降温,由于冰溶解时吸收大量的热,矿井降温效果较好,因此成为人工制冷降温的发展方向[80-82]。

中国矿井降温技术的研究工作始于 20 世纪 50 年代初期,起步较晚,最初的降温技术主要采用非人工制冷降温技术,采用通风方法来进行降温,到 60 年代初开始采用小型制冷设备进行矿井降温。

1954 年煤炭科学研究总院抚顺分院与抚顺、北票、本溪、淮南等矿务局密切合作,开展了矿井测温工作,并对矿井内风流热力学状态开展了测试和预测,这标志着我国降温工作研究开始,为煤矿开展降温工作奠定了基础。随后又开展了几次大规模的矿井降温试验工作[33],具体如下:

1964—1975 年,局部制冷降温系统在淮南九龙岗矿、北票台吉矿、湖南 711 矿等的成功试验,为中国制冷降温技术的发展奠定了基础。

1982—1987 年,中国第一个井下集中制冷降温系统在山东新汶矿务局孙村矿研制成功,该系统在制冷技术、供冷及保冷技术、传冷技术等方面都达到了当时国内先进水平,同时井下回风流排热技术达到了国内先进水平,该系统成为当时国内最大的降温系统。

1986—1991 年,在平顶山八矿根据矿井热害问题,借鉴了第一套制冷降温系统的经验,设计了中国第二个井下集中制冷降温系统,各项成果指标均达到当时国内领先、国际先进水平。

1992—1995 年,由煤炭科学研究总院抚顺分院设计的中国第一个矿井地面集中制冷降温系统在山东新汶矿务局建成。

2002 年,煤炭科学研究总院抚顺分院在孙村矿 1 100 m 水平进行了井下降温系统设计,并于 2004 年完成了冰冷低温辐射降温矿井空调系统[83-84]。

2005 年,鲁能集团唐口矿通过在地面建立制冰及制冷中心,建成千米深井人工制冰降温系统。该系统通过在主井井筒中安装一条冰水保温管道,在井底设置融冰硐室,冰融化后再通过管道输送到采掘工作面,采用空冷器、喷淋的方式降低工作面温度[85]。

近年来,随着煤炭开采量的增大,矿井高温灾害日益严重,许多专家、学者和现场工程技术人员结合各具体矿井的热害成因和特点,提出了具有一定适用范围的多种矿井降温技术。

2004 年,山东科技大学陈平教授研制了采用矿井压气空调系统(压缩空气)进行降温的方法。矿井压气空调系统利用压缩空气作为供冷媒质,直接向采掘工作面喷射制冷。该降温系统的优点:压缩空气压力高,密度大,与常压空气相比,具有更大的输冷能力;系统所需的制冷设备负荷小;不需要单独安设局部通风机和排热设备;等等。但是该降温系统仅适用于局部地点降温,不适用于大范围和全矿井降温[86-87]。

2003 年张朝昌等[88]介绍了透平膨胀制冷系统的工作流程,该系统充分利用了井下高压作业气源和水源,随掘进巷道的前进而向前推进,能够解决深井平巷掘进工作面的局部降温问题。

2007年，王伟[89]对热电冷联产系统进行研究，将制冷、供热（采暖和供热水）以及瓦斯发电相结合的一体化多联产系统用于井下制冷降温。该系统可以提高能源利用率，减少碳化物及有害气体的排放。淮南矿业集团首先在潘一矿南风井实施热电冷三联产项目，形成利用瓦斯发电余热制冷井上集中供冷系统，与井下移动制冷站相结合的矿井降温格局。

2007年，兖矿集团建立了采用冷媒水喷淋技术实现大风量、大温差处理巷道内风流的方法来制备冷风的降温系统，该系统可以降低传热温差，减少热交换次数，提高整体效率，降低冷量损失[90-91]。

HEMS(high temperature exchange machine system)技术[92-93]由中国矿业大学何满朝教授提出并进行了工业试验，HEMS是以矿井涌水作为冷源的深井开采高温热害控制技术。该系统工作原理是利用矿井现有涌水，通过提取水中冷量进行工作面降温，同时将置换出的热水作为地面供热及作为洗浴的供水系统。

2008年4月，一种矿井水水源热泵空调装置由协庄煤矿的郎庆田等[94]发明成功，该装置能够利用矿井井下水实现采暖或降温。冬天，提取井下水的热能经水源热泵机组、热交换器供采暖用；夏天，水泵提取水中储存的冷能，供井下降温用。

2008年6月，由卫修君等[95-96]设计的矿用低温制冷降温装置问世，该装置由地面和井下两个部分组成。该系统依靠瓦斯电站和矸石电厂将余热作为动力，将经两级冷却的低温乙二醇溶液输送至井下，经冷热交换后返回地面进行循环降温。

2008年，中南大学胡汉华[97-98]在国家科技支撑计划项目资助下，提出了矿井移动空调室技术。其实质是利用热障的隔热作用，将工人与井下围岩等热环境隔离，阻止围岩与热障内的风流发生热交换，然后采用空气冷却器向热障内的空间供冷，使工人工作空间的热环境得到改善。

2006年，江苏省徐州市陈宁、彭伟设计的矿井降温服装(CN200610040352)[99]经应用后被认为效果较好，该服装为短袖式四层结构，其降温系统是一套由细软管构成的环形冷却管网，分别连通冷却水的进水管和出水管，在使用时由外界输入16～20℃的冷水到环形冷却管网内，达到个体防护的目的。

虽然关于高温矿井热害防治理论及技术的研究已经很多，但是还存在如下问题：

① 主要热源确定不够合理。

井下热源放热量的确定方法基本上是穷举一切可能影响采掘工作面温度的因素，对于主要热源的确定，按各自的放热量来衡量，围岩与风流湿热交换计算误差大。

② 矿井风温预测未考虑多个热源之间的相互作用。

井下风流温度受多个热源的控制，风流的热力学状态与多个热源是相互作用的耦合关系，很难准确地对井下风流状态和温度场分布做出客观预测。

③ 矿井降温方案的选择不够科学合理。

多年来，在降温方案的优化选择上，大多数根据矿井热害的情况计算矿井需冷量，然后确定降温技术方案，或者矿山安全技术人员和管理人员参考相似矿井的经验确定降温方案，这样很难科学地确定适合自己矿井的降温方案，所以很多情况下存在所建立的矿井降温系统运行效果差、开机利用率低、对生产干扰大、运行费用高等问题。

1.4　研究内容及技术路线

本书的主要研究内容如下：

(1) 井下热源分类及其放热量确定。

治理矿井热害的前提是掌握井下存在的热源，科学地对其分类研究，确定主要热源和次要热源，准确分析这些热源的放热规律和放热量，使矿井降温方案有的放矢。

(2) 井下风流与热源热交换的数值仿真。

采用计算机仿真软件，根据矿井热源的分布特点，模拟不同热源与风流的热交换过程和温度场分布，获得风流与热源进行热交换的规律。

(3) 建立矿井沿程风流温度预测模型。

根据矿井巷道内风流温度逐渐升高的规律，通过分析各类巷道内的热源类型和放热规律，建立矿井沿程风流温度预测模型。根据已知的风流热力学条件，采用仿真软件，按风流路线对下游井巷内热源与风流的热交换进行仿真模拟，分析矿井沿程热交换规律和温度场分布特征，对沿程风流的热力学参数做出准确预测。

(4) 矿井降温技术方案优化研究。

对目前主要矿井降温技术进行研究，剖析其降温效果和适用条件，为降温方案的初步选择提供依据。提出对矿井降温技术的优化方法，对其进行降温效果预测，进而科学、合理地制订矿井降温方案。

(5) 工程应用。

将研究成果应用于具体的煤矿降温实践,对高温热害矿井进行热源解析后,提出可行性降温方案,对其进行优化和降温效果预测。

本书以传热学、流体力学、地质学、通风安全学、采矿学为基础,对矿井热源与风流的热交换规律进行研究,对矿井的风流温度分布进行预测,研究技术路线如图 1-1 所示。

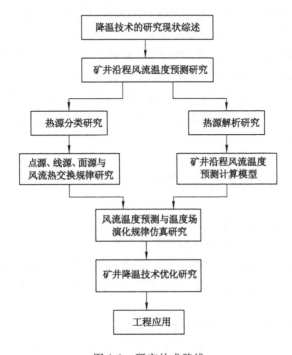

图 1-1　研究技术路线

2 矿井热源分类及放热计算方法

2.1 矿井热源分类

煤矿井下热源有很多种,各种热源的放热形式和放热量不同,对矿井热害的影响也有很大差别。根据放热机理、研究目的等不同对热源按以下几种方法进行分类。

2.1.1 按热量来源分类

按热量来源分类是传统的矿井热源分类方法,根据文献[21],井深在 1 000 m以内的矿井,使井下空气温度升高的热源中,围岩放热占 50%,氧化放热占25%,机械设备、空气压缩热和其他热源占 25%。

热源按热量来源分类如下:

(1)地表大气状态

风流由地表经井口流入矿井后,称为井下空气,井下空气的温度、湿度、风速和压力等状态称为井下气候,矿区地表空气状态(温度和湿度)的变化将影响井下气候。地表大气状态的变化主要有季节性变化和日变化,其中季节性变化的影响更为显著。当矿井埋深较小,入风路线较短时,地表大气的热力学状态对煤矿井下风流热力学状态影响较大,随着矿井开采深度的增加,地表大气状态对井下气候的影响越来越小。

(2)风流压缩放热

由于矿井深度的变化,井底大气的压力和空气密度也相应增大。当风流沿井巷向下流动时,相应的空气的压力就会增大,根据气体状态方程,空气压力的增大,使空气压缩从而引起风流放热,进而使矿井风流温度升高。在进风井巷中,风流的自压缩热是主要的热源,而在其他巷道中,如采掘巷道,自压缩热则变为次要热源。随着矿井深度的增加,自压缩热对矿井热害的影响越来越大。

严格来说,地表大气状态与风流压缩放热不属于井下的热源,但是由于它们对井下气候影响很大,所以也作为热源来进行研究。

（3）围岩放热

围岩放热往往是矿井热害的主要原因。随着矿井开采深度的增加，原岩温度也以约 3 ℃/100 m 的梯度增加，围岩会向井巷风流中释放大量的热。风流流经井巷，风流与围岩存在温差时就会产生热交换，围岩会以传导和对流等形式向井巷中的风流释放热量。

（4）运输中的煤岩放热

运输中的煤岩放热是井下围岩放热的另一种形式。在采掘生产中采落下来的煤炭和矸石的温度接近原岩温度，在运输过程中会向井下空间中释放大量的热。特别是煤炭和矸石的运输路线多数为进风巷道，散发的热量会随着风流进入回采工作面。同时由于在开采过程中洒水抑尘，煤岩与风流进行显热交换的同时还伴随着湿交换，即潜热交换。而且潜热交换量所占比例很大，占风流中从运输煤炭及矸石所散发出来的总热量的 70%～80%。所以，处理好煤炭及矸石运输过程中散发出来的热量可以在一定程度上改善井下作业地点的气候条件。

（5）机电设备放热

随着现代化矿井机械水平的提高，越来越多的设备在井下应用。大量的机电设备在井下使用时，有一部分能量会转化为热能向风流释放，使风流温度升高。而不同的生产设备由于工作原理、设备能力和用途的不同，其向风流中的散热量是不一样的。机电设备的散热量并不是与电动机的功率成正比，因此想要准确地计算出机电设备的放热量是非常困难的。机电设备所消耗的功率，除提高位能部分（对于排水、通风等还包括出口处的动能）外，其余最终均转化为热能[20]。

（6）矿井水放热

在矿井和采区附近如果有井下涌水、裂隙水、断层渗水等情况，热水通过对流形式将热传给井巷内的风流，不但提高了风流的温度，而且会通过提高风流的湿度而增加风流的潜热。由于地下热水易流动，而且水的比热容大，是热的良好载体，其放热量对井下气候有很大影响。对于涌水量大的矿井，对井下热水应用管路或者用加盖板的水沟将其排走，以减少热水和空气接触的时间和面积，降低换热量。

（7）氧化放热

井下煤炭的氧化放热过程是一个复杂的问题，与煤炭中硫的含量、与空气接触的表面积、空气中氧的含量等有关，同时由于其放热较慢，很难将氧化放热量与围岩的散热量区分开来。正常情况下，煤炭氧化放热量会很少，一般不会明显影响采煤工作面的气候，但是当煤层中含有大量的硫时，氧化放热量会明显增加，在热害治理时应予以考虑。

除上述热源外,井下还存在爆破放热、照明放热、岩层移动摩擦放热、人员放热、辅助工序中的摩擦放热、水泥硬化放热等热源,这些热源属于突发性热源,在矿井热源分析时应视具体情况确定。

矿井热源按来源进行分类的方法被广泛接受,其最优越之处就是可以单独分析和计算每一个热源的放热量,能够确定产生热害的主要热源和次要热源,为治理热害提供参考。

2.1.2　绝对热源和相对热源

绝对热源和相对热源是根据矿井热源放热是否受风流温度的影响来划分的。

（1）绝对热源

热源放热不取决于风流的温度和湿度,而只取决于它们在生产中的工作方式和运行状态,这一类热源称为绝对热源或人为热源。绝对热源最具代表性的就是空气压缩热和机电设备放热。空气压缩热只与矿井的开采深度有关,矿井开采深度越大,温升越高,而机电设备放热与设备的功率、机械效率及是否对外做功有关。其他如人员放热、爆破放热和水泥硬化放热等也属于此类热源,这些热源不管风流热力学状态如何,都会对外放出热量。

（2）相对热源

热源所散发热量主要取决于流经该热源的风流温度及其水蒸气分压力,岩体散热与风流间的热湿交换属于这种类型,一般称它们为相对热源或自然热源。该类热源的放热量随风流的温度、湿度的不同而不同,风流与热源的温差越大,放热量越大;空气的湿度越大,单位体积空气吸收的热量越多,热源放热量越大。除岩体放热外,井下热水、运输中的煤岩等形式的散热也属于此类。

将热源按绝对热源和相对热源进行分类,便于研究井下热源与风流热交换的机理,确定热源放热量的计算方法。一般来说,绝对热源的放热量更容易计算和预测,相对热源因受井下空气的热力学环境影响,计算和预测的误差较大。

2.1.3　按空间尺度分类

为了研究井下风流的温度场分布情况,有必要将井下热源按照空间尺度进行分类,不同空间尺度的热源,其散热空间范围和热交换特点不同。按空间尺度可将热源分为点源、线源和面源。

（1）点源

点源是放热范围小、放热位置相对固定的热源。点源放热范围很小,相对于井下的空间可以近似看成一个点。井下以点源形式放热的热源很多,放热量不相等,其典型代表就是机电设备放热,其他热源还有涌水点、人员、照明放热等。

机电设备遍布井下整个生产空间,功能不同,其功率也不相同,有的放热量很低(如绞车、水泵、电钻等),有的放热量很高(如采煤机、刮板输送机、变电站、局部通风机等)。

涌水量大的矿井,在与巷道连通的涌水点也成为一个重要的点源,矿井涌水的温度接近原岩温度,水的比热容大,同时会向空气中蒸发水蒸气,传递大量的潜热。

单个人员放热量较小,其放热量根据劳动强度的不同而不同,当人员处于静止状态时取 0.09~0.12 kW,轻体力劳动时取 0.2~0.275 kW,重体力劳动时取 0.47 kW[100]。相对于机械设备放热,人员放热量很小,视情况加以考虑。

点源在井下分布广,其位置相对比较固定,其放热特点是放热量变化大,范围较小,与风流换热时,在热源附近一定范围内进行热量的交换,热交换不随空间发生变化,热源前后风流温度会明显变化。

(2) 线源

线源是指井下同一类热源在一定范围内连续存在,呈线性释放热量的热源。

井下线源主要有在运输过程中的煤岩放热和井下热水放热,另外高压输电线路放热也可以作为线源放热,其放热量与线路输送的功率、变压器和电动机等电气设备的工作效率有关。

井下煤炭的运输多数为连续运输(刮板或胶带),其放热强度与原岩温度、煤炭开采量、运输距离和风流的温差有关。矸石运输和矿车运煤为间断运输,成为线源放热的特殊形式。井下煤岩运输主要集中在出煤(岩)地点到采区煤仓(存车场)范围内,在该范围内热源与风流温差大,放热量大。

涌水量大的矿井的排水沟是线源的另一种形式,其放热与运输煤岩放热不同,在向风流中传递热量的同时还会蒸发水分,提高空气的湿度,使风流中的潜热增加。

线源的放热特点是在井下巷道一定距离内持续放热,其放热强度因具体热源不同而不同,其基本换热规律是:热源在此段巷道内一直和风流进行着热、湿交换,风流温度逐渐升高。

(3) 面源

面源是指井下放热范围很大的热源,主要指井下巷道(包括工作面)表面的围岩散热,面源放热充满整个井下空间。由于各类巷道的通风降温时间不同,其与风流进行的热交换量相差很大。最具代表性的是工作面的围岩放热,围岩通风时间短,壁面温度接近原岩温度,热交换量最大,而有些巷道向风流中放热很少,例如通风多年的井筒和大巷,甚至在一定情况下还会吸收风流中的热量,起到降温作用。此外,煤岩表面氧化放热也属于面源放热。

将热源按空间尺度分类,是为了更好地研究井下某一地点的热害程度和温度场分布情况。

除以上分类方法外,井下热源还可以按照热交换的时间分成连续源(围岩放热、热水放热等)、间断源(运输的煤岩放热、机电设备放热等)和瞬时源(爆破)等。

2.2　矿井热环境调查方法

2.2.1　原始温度测量

围岩原始温度是划分矿井热害等级的基本依据,也是计算井下围岩放热量和进行矿井热源分析以及井下风流温度预测的重要参数,矿井围压原始温度测量是矿井热害防治中最重要的基础工作之一。

(1) 测量方法及特点

目前常用的围岩原始温度的测定方法可分为两类——深孔测温法和浅孔快速测温法[21,101]。

深孔测温法是指在井下巷道中,利用钻机向围岩内打水平测温钻孔,测温钻孔的深度必须大于巷道的调热圈半径,然后将测温设备(热电偶探头)送入孔底后封孔,经过一段时间后当测温数值稳定时,所测得的温度就是原岩温度。

浅孔快速测温法是在井下连续推进的掘进工作面内,在新掘的岩石表面打2～3 m钻孔,将测温设备送入孔底后封孔,待孔内热交换稳定后,所测得孔内温度即原岩温度。

两种测温方法各有优缺点,浅孔测温法的主要优点是施工简单,操作简便,测温时间短,但需要有连续掘进的掘进工作面,一般在新建矿井或新开拓水平使用较多。深孔测温法需要打一个中深钻孔,施工难度较大,施工时间长,而且会影响煤矿生产,同时测温热电偶的保护、送入都比较困难,容易引起设备的损坏,从而影响测量结果;其优点是测试结果可靠,数值精度高。这两种测温方法应根据矿井的具体情况来选择。

(2) 矿井热害等级的划分

在获得了矿井原岩温度之后,需要根据原岩温度的测量结果对矿井热害等级进行划分。由《煤炭资源地质勘探地温测量若干规定》可知:矿井热害等级的划分是根据原始岩温确定的,原岩温度高于 31 ℃的地区为一级热害区,原岩温度高于 37 ℃的地区为二级热害区。一般来说,在没有达到二级热害区时,主要采用非人工制冷降温技术来治理热害,到达二级热害区以后,就应该采用人工制冷降温技术,因此高温矿井应根据热害等级采取相应的降温措施。

(3)巷道调热圈的确定

巷道开掘后,井巷围岩温度会降低,一般将温度降低值超过原岩温度 0.1% 的区域定义为巷道围岩的冷却范围,即调热圈。通过测量巷道围岩内不同深度的孔底岩石温度,可以确定巷道调热圈的范围。

在认为巷道围岩是均质的前提下,巷道围岩内原岩温度分布服从傅立叶传导微分方程,即

$$\frac{\partial T}{\partial t} = \lambda \left(\frac{\partial^2 T}{\partial r^2} + \frac{1}{r} \cdot \frac{\partial T}{\partial r} \right) \tag{2-1}$$

式中　T——巷道内风流的平均温度,℃;

　　　λ——巷道围岩的热扩散系数,m^2/s;

　　　r——围岩距巷道轴心的距离,m;

　　　t——通风时间,s。

根据傅立叶热传导微分方程,在理论上可以计算出巷道通风时间和调热圈半径之间的关系式。巷道因通风时间不同,其围岩温度分布不相同,调热圈半径会随着通风时间发生变化[65],如图 2-1 所示。由图 2-1 可以看出:随着通风时间的增加,巷道围岩内部温度逐渐降低,调热圈半径逐渐向围岩深部扩展,但是扩展的速度逐渐降低。根据有关资料统计[20]:通风时间为 1 a 的巷道,其调热圈半径约为 18 m;通风时间为 2 a 的巷道,其调热圈半径约为 25 m;通风时间为 5 a 的巷道,其调热圈半径约为 40 m。

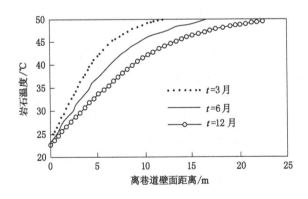

图 2-1　巷道围岩温度分布

2.2.2 沿程风流热力学参数测定

通过对风流热力学参数的测定与分析,可以确定工作面的主要热源分布及放热量情况,为后期采取有效的热害治理方案提供依据。

(1) 测量内容

井巷内风流热力学参数测定主要是对各测点的巷道参数和风流热力学参数进行测定,其中风流参数主要包括风流的温度、湿度、风流速度、压力,巷道的参数主要包括巷道周长、断面面积、壁面温度、巷道长度、淋水情况及水温,同时记录电气设备的参数及运行状态、生产工序等。

(2) 测点的设置

根据所测试地点的实际情况,确定测试风流路线,在测试路线上布置测点。一般来说,测点位置应选在巷道断面变化小的直线巷道段,在长直且没有交叉的巷道上,两个测点的距离不应该过大,以不超过 500 m 为宜,在有交叉的巷道,距交叉口的两端一定距离内分别设置测点,在大型设备上下两端分别设置测点,记录设备的运行状态。同时记录测量的时间,以便确定地表气候的日变化对井下气候的影响。

(3) 测量设备

测量的主要设备有精密气压计,用于测量井下各点的大气压力;干湿球温度计(2 台),用于测量巷道测段内两点之间风流的干温度和湿温度;中、微速风表(各 1 块),用于测量巷道中的风速;红外壁面测温仪,用于测量巷道壁面温度;钢圈尺,用来测量巷道断面积和周长;等等。

(4) 热源分析

通过对各测点测定参数的计算和分析,计算出相邻两个测点之间温度的变化,确定该测段内热源分布和放热状态,根据所测得的热力学参数计算各热源的放热量,从而确定测段内的主要热源,以便采取有效措施对高温热源有针对性地进行热害治理。

2.3 热源放热量的分源计算方法

井下热源散热量的计算方法一般为分源计算法,即在某段巷道内单独计算每一种热源的放热量,各热源放热量之和为该段巷道内总的放热量,根据巷道和风流参数对风流温度进行预测。分源计算法容易理解,计算简单可行,被研究者广泛接受。

2.3.1 风流压缩热

矿内空气因风流压缩而引起的温度变化值计算式为[20]：

$$\Delta t = |t_1 - t_2| = \left| \frac{(n-1)g}{nR}(h_1 - h_2) \right| \tag{2-2}$$

式中　n——多变指数，等温过程 $n=1$，绝热过程 $n=1.4$；

　　　g——重力加速度，$g=9.8$ m/s²；

　　　R——普适气体常数，干空气 $R=287$ J/(kg·K)；

　　　h_1,h_2——井巷不同位置处的标高，m；

　　　t_1,t_2——对应于 h_1、h_2 的温度值，℃。

在绝热状态下，式(2-2)可简化为：

$$\Delta t = \frac{\Delta h}{102} \tag{2-3}$$

式(2-3)表明：垂直深度每增加 102 m，空气压缩放热使风流温度升高 1 ℃。同样，当井巷内的风流向上流动时，因为空气绝热膨胀，风流的温度会降低。在实际测量中，进入煤矿井巷的空气存在换湿过程，水分的蒸发消耗大部分热量，使风流实际的干球温度升高没有计算值那么大。

从能量守恒的角度，可以认为：空气因下降，重力位能降低，而这些能量全部转化为风流的增焓值。

$$\Delta i = gh \times 10^{-3} \tag{2-4}$$

式中　Δi——垂深增大引起的风流增焓，kJ/kg$_{干空气}$。

2.3.2 围岩放热

井巷围岩和风流之间的传热形式有多种，计算过程也非常烦琐，一些研究学者提出了多种不同的计算方法。但是要准确地计算出围岩传递给井下空气的热量是不可能的，只能做出一些简化的假设条件后理想化，进行近似计算[102-109]。

巷道围岩传递给井下空气的热量的计算式为：

$$Q_R = K_r UL \left(T_{gu} - \frac{T_1 + T_2}{2} \right) \tag{2-5}$$

式中　Q_R——围岩的放热量，kW；

　　　T_{gu}——巷道原岩温度，℃；

　　　T_1——巷道入风温度，℃；

　　　T_2——巷道末端风流温度，℃；

　　　U——巷道断面周长，m；

　　　L——巷道长度，m；

K_τ——风流与围岩不稳定传热系数，$W/(m^2 \cdot ℃)$，其物理意义是围岩与空气温差为 1 ℃时，单位时间内从 1 m^2 巷道壁面上向空气放出的热量。

主要进风巷道围岩不稳定传热系数可以根据式(2-6)确定[11]。

$$k_\tau = \frac{1.163}{\dfrac{1}{3+2v} + \dfrac{0.021\,6}{k_a} + 0.099\,2} \tag{2-6}$$

式中，$k_a = 0.76\dfrac{e^{-0.072}}{1-\varphi_0}$，$\varphi_0$ 为地面大气年平均湿度。

对于采区进风巷道和回采工作面，k_τ 按式(2-7)确定。

$$k_\tau = \frac{1.163}{\dfrac{1}{9.6v} + 0.044\,1} \tag{2-7}$$

式中　v——风速，m/s。

2.3.3　运输中的煤岩放热

煤炭与矸石放热量与风流温度、运输距离、破碎程度、含水率等有关。理论放热量可用式(2-8)进行计算。

$$Q_y = cm\Delta T \tag{2-8}$$

式中　Q_y——运输过程中煤炭和矸石的散热量，kW；

　　　c——煤炭及矸石的平均比热容，煤炭一般取 1.25 $kJ/(kg \cdot ℃)$；

　　　m——单位时间内运输煤炭及矸石的质量，kg/s；

　　　ΔT——运输段内起点和终点的煤岩的温度差，$℃$。

德国学者通过对运输中煤炭被风流冷却的过程进行了详细研究，得出了 ΔT 的计算公式[38,41,106]：

$$\Delta T = 0.002\,4L^{0.8}(T_{gu} - T - 3.5) \tag{2-9}$$

式中　T_{gu}——原岩温度，$℃$；

　　　T——最终温度，$℃$。

2.3.4　机电设备放热

机电设备的散热量主要与设备的功率有关。一般来说，机电设备放热量由两个部分组成，一部分是电动机运行时转化的热量，另一部分是机械做功过程中转化的热量（摩擦生热等），可用式(2-10)进行计算。

$$Q_d = N(1-\eta) \tag{2-10}$$

式中　Q_d——机电设备的散热量，kW；

N——电机实际消耗的功率,kW;

η——设备用于提高位能所消耗的功率占电动机实际功率的比例,根据实际情况取值。

井下中央变电所、采区变电所、水泵房、绞车房、充电硐室等机电硐室的放热量不容易直接计算,可通过测量硐室进、出口风流的干温度、湿温度和风量等参数,根据焓湿图计算风流经过硐室前后的增焓值,然后由式(2-11)计算设备散热量。

$$Q_{\mathrm{d}} = \Delta i \cdot G \qquad (2\text{-}11)$$

式中 Q_{d}——机电设备的散热量,kW;

Δi——机电设备向风流散热后风流的增焓,kJ/kg;

G——风流的质量流量,kg/s。

回采机械放热是造成工作面热害的主要原因之一。工作面的生产设备主要包括采煤机、刮板输送机、液压支架、转载机和带式输送机等,除液压支架外,其他设备消耗的能量,除了用于落煤和运煤工序外,均转化为热能释放到空气中。随着煤矿生产机械化程度的提高,机械设备产生的热量也随之增加,在工作面热害中所占比例也越来越大。

2.3.5 矿井热水放热

井下热水放热量主要由涌水量和水温决定,井巷内的风流与热水通过传导和蒸发进行热、湿交换,因此,在计算风流和热水的换热时,应包括风流与热水潜热交换量,计算公式如下[21]:

$$Q = Q_{\mathrm{x}} + Q_{\mathrm{L}} = [\alpha(T - T_{\mathrm{b}}) + r\sigma(d - d_{\mathrm{b}})]A \qquad (2\text{-}12)$$

式中 Q——热水和空气间的总交换量,W;

Q_{L}——热水和空气间的潜热交换量,W;

Q_{x}——热水和空气间的显热交换量,W;

T——周围空气的温度,℃;

T_{b}——边界层内空气的温度,℃;

α——空气与水表面的湿热交换系数,W/(m²·℃);

r——水的汽化潜热,J/kg;

σ——水与空气之间按含湿量差计算的传质系数,kg/(m²·s);

A——空气与水的接触表面积,m²。

d——周围空气的含湿量,kg/kg;

d_{b}——边界层内空气的含湿量,kg/kg。

井下热水排放时,如果加上水沟盖板,空气与水表面的湿热交换系数就会降低很多,传热量较小。

2.3.6 氧化放热

煤炭的氧化放热过程复杂,很难计算,当煤中的硫化铁含量很高时,煤炭氧化产生的热量对井下风流温度有一定的影响,并容易产生自然发火。对于各种巷道,煤、煤尘、坑木氧化的总放热量可以按式(2-13)估算[38,94-95]。

$$Q_y = q_0 v^{0.8} S \qquad (2\text{-}13)$$

式中 Q_y——氧化散热量,kW;

q_0——折算到巷道风速为 1 m/s 的条件下氧化的单位放热量,kJ/(h·m²),裸体岩层巷道和砌碹、锚喷巷道取 0～2,采煤工作面取 4～6,煤层巷道或运煤巷道取 3～5;

v——巷道内的风速,m/s;

S——巷道内的氧化表面面积,m²。

对于采煤工作面而言,如果不含瓦斯,其 q_0 值可以按采准巷道取值,对于含瓦斯的煤层,可视煤层瓦斯含量的大小取 $(0.5～0.9)q_0$,瓦斯含量越高,取值越小。

2.4 本章小结

本章主要对矿井高温热源分类及放热量进行研究,得出以下结论:

(1) 对煤矿井下的所有热源,根据研究目的不同,采用不同方法进行分类。在热源传统分类方法的基础上,结合井下热源的空间分布特点,为便于研究井下温度场的分布状态和治理方法,提出了对热源按空间尺度进行分类的方法,将井下热源划分为点源、线源和面源,并分析了各类热源的传热特点。

(2) 采用分源计算法计算矿井热源放热量,给出了井下主要热源放热量的计算公式,为矿井主要热源的确定提供了理论依据。

3 热源与风流热交换规律及温度场分布

借助 Comsol Multiphysics 多物理场耦合分析软件,采用数值仿真的方法,根据点源、线源和面源的放热特点,对风流与热源交换的过程和温度场分布进行了研究,获得了井下热源与风流换热的基本规律。

3.1 Comsol Multiphysics 多物理场耦合分析软件简介

Comsol Multiphysics 通过有限元方法模拟在科研和工程中能用偏微分方程(PDE)描述的各种物理现象,是将科学研究与工程模拟密切结合的分析软件,可以非常方便地定义和求解任意多物理场耦合问题。它是集前处理、求解器和后处理为一体的分析软件,有着广泛的应用领域和强大的建模功能,可以实现多个求解器同时求解,该软件还具有与众多软件的接口和二次开发的功能,以满足更多的计算要求。

Comsol Multiphysics 非常适于工程、科研和教学中的数值模拟分析,良好的图形用户界面方便用户输入各种物理参数,开放的模拟过程可以显示任一模式下的物理方程,用户不但可以查看,而且可以根据自己的需要修改这些方程和输入自己的物理方程来解决各种复杂的问题。

Comsol Multiphysics 的应用领域非常广泛,能分析传统有限元中有关结构力学、数学等问题,还能很好地解决化学、声学、电磁学等领域的问题,可以实现多物理场的耦合计算,为交叉学科的模拟开辟了一个全新的途径。Comsol Multiphysics 有着许多扩展模块,包括数学、力学、化学、电磁学、传热学、生物、地球科学等模块。

巷道内风流与热源的热交换过程比较复杂,涉及流体力学、对流换热、热传导等领域,属于流-固-热耦合范畴,因此在本书中利用 Comsol Multiphysics 软件对热源与风流的热交换进行计算分析,确定热交换稳定后的热源分布。

3.2　热交换数值计算方程

（1）热交换数值计算方程

井下风流与巷道热交换的形式主要是传导和对流，同时风流流动对换热有重要影响，实际换热情况比较复杂，为使问题简化，做如下假设：

① 在一段巷道内，只存在单一的点源或线源，没有多种热源；

② 在水平巷道内，认为空气是不可压缩气体，不考虑气体压缩热；

③ 巷道内风流质量流量不变，风流的物性为常数，无内热源；

④ 在点源和线源中，假定巷道温度与风流的温度一致，除巷道内的热源外，空气不与巷道表面发生热交换。

在以上假定前提下，流体与热源进行换热，传导与对流换热方程数值计算的基本方程为：

$$\nabla \cdot (-\kappa \nabla T) = Q - \rho c_p u \nabla T \qquad (3\text{-}1)$$

式中　κ——流体导热率，$W/(m \cdot K)$；

　　　ρ——流体密度，kg/m^3；

　　　c_p——流体的质量定压热容，$J/(kg \cdot K)$；

　　　Q——热源的放热量，W/m^3；

　　　u——流体的流速，m/s。

（2）风流流体运动方程

风流流体运动方程为：

$$\rho v \cdot \nabla v = \nabla \cdot [-PS + \eta(\nabla v + (\nabla v)^T)] + F \qquad (3\text{-}2)$$

式中　ρ——流体密度，kg/m^3；

　　　v——流体的流速，m/s；

　　　P——流体的压强，Pa；

　　　S——巷道的断面面积，m^2；

　　　η——黏滞性系数，$Pa \cdot s$；

　　　F——体积力，N/m^3。

（3）质量守恒方程

在巷道内，风流的速度不发生变化，风流流量也不发生变化，风流的质量守恒方程为：

$$\rho_1 v_1 S_1 = \rho_2 v_2 S_2 \qquad (3\text{-}3)$$

式中　ρ_1, ρ_2——流体进口和出口的密度，kg/m^3；

　　　v_1, v_2——流体进口和出口的流速，m/s；

S_1，S_2——巷道进口和出口的断面面积，m^2。

3.3 点源热交换规律及温度场分布数值仿真分析

3.3.1 点源热交换模型的建立

机电设备放热对井下风流温度影响很大，以机电设备（点源）放热为例进行数值计算。模型选取一段 30 m 长的巷道，风流方向从左向右，在距离左边界 12 m 的地方设置 1 个点源，如图 3-1 所示，根据风速大小和热源的放热量进行仿真分析。

图 3-1　点源放热模型图

（1）边界条件和初始条件

① 巷道两帮、热源表面与空气流动均满足无滑移条件，即巷道两帮和热源表面的边界速度为 0；

② 风流入口处的风速为 v，沿巷道轴线方向，因为巷道内没有漏风，风流速度不变，出口速度也为 v；

③ 风流入口处的温度设定为 295 K，出口温度条件按热通量为 0 设置，假定出口与外界没有热交换，巷道两帮与风流不发生热交换，换热量 $q=0$；

④ 热源的放热量设备功率分别为 300 kW 和 100 kW，机械效率按 85% 给定，放热量分别为 45 kW 和 15 kW。

由于采用稳态计算，域内初始条件不设置。

（2）风流参数设置

风流的其他物理参数见表 3-1。

表 3-1　风流的物理参数表

名称（符号）	值	备注
空气热导率 $\kappa/[W/(m \cdot K)]$	0.025	
空气密度 $\rho/(kg/m^3)$	1.189	湿空气的密度（相对湿度 50%，温度 295 K）
空气的质量定压热容 $c_p/[J/(kg \cdot K)]$	1 950	定压比热容（相对湿度 50%）
空气的压强 P/Pa	1.013×10^5	按标准大气压
动力黏滞性系数 $\eta/(Pa \cdot s)$	17.9×10^{-6}	

计算条件分为 3 种：

条件一：热源放热量为 45 kW/m²，进口风速为 4 m/s；

条件二：热源放热量为 45 kW/m²，进口风速为 2 m/s；

条件三：热源放热量为 15 kW/m²，进口风速为 4 m/s；

其他参数不变。

3.3.2 点源仿真与结果分析

采用 Simple 算法进行网格划分，采用系统内自适应求解器进行稳态求解，从第一个断面开始计算，一直循环至最后一个断面，计算最大误差小于误差限时迭代计算结束，否则重新计算，直到各个断面未知变量的计算误差小于设置的误差限。

（1）放热量分析

图 3-2 至图 3-4 和图 3-5 至图 3-7 分别是 3 种条件下的温度表面图和温度等位图，根据不同条件下风流的温度分布状态，对比分析可以得到以下结论：

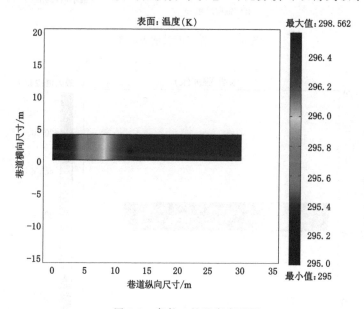

图 3-2　条件一的温度表面图

① 风流入口温度为 295 K，在热源之前温度逐渐升高，经过热源之后温度值趋于稳定，3 种情况下风流末端温度分别为 296.4 K、296.9 K 和 296.08 K；

② 热交换后风流的温度随着风速的增大而降低，随热源放热量的增大而升高；

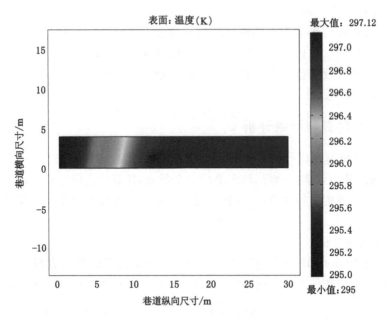

图 3-3　条件二的温度表面图

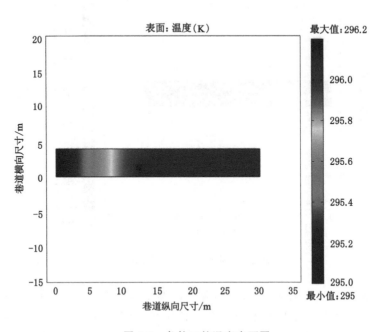

图 3-4　条件三的温度表面图

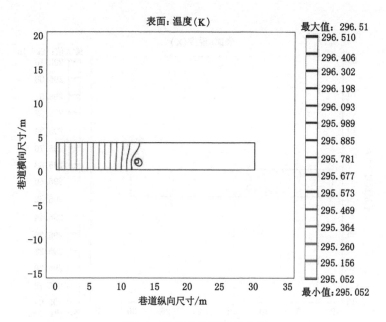

图 3-5 条件一的温度等位图

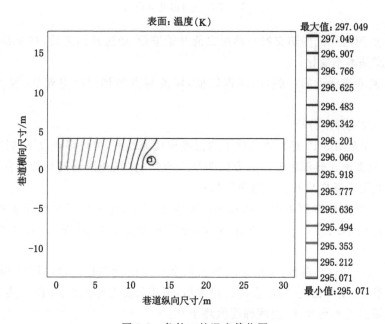

图 3-6 条件二的温度等位图

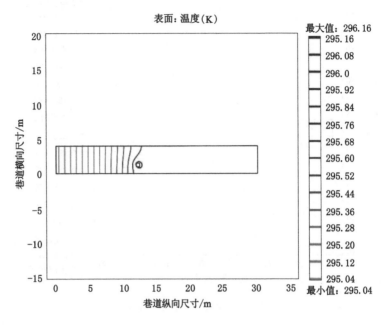

图 3-7　条件三的温度等位图

③ 点源与风流的热交换在热源之前开始进行,经过热源之后,热交换结束,风流温度基本不变化;

④ 离巷道壁近的一侧,因风速较低,风流与点源热交换更充分,温度升高更快。

（2）温度梯度分析

图 3-8 至图 3-10 是 3 种条件下的温度梯度流线图,可以得到以下结论:

① 温度流在热源前流线的方向为平行直线,在热源附近时均指向热源,这表明在此温度场内只有一个热源放热;

② 曲线在热源附近的形状和长度发生了变化,这是由于风流速度和热交换的条件的不同而产生的,风速越快,热交换稳定的时间越长,流线范围就越大;

③ 风流到达热源前,温度梯度箭头长度和方向均匀稳定,接近热源时由于热源放热,梯度均指向热源,在经过热源后,箭头长度变小至消失,因为热交换稳定后风流温度不再变化,温度梯度值趋于 0。

箭头:温度梯度(K/m),流线:温度梯度(K/m)

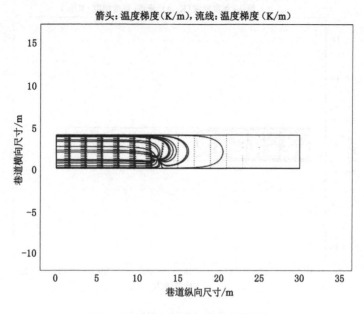

图 3-8 条件一的温度梯度流线方向

箭头:温度梯度(K/m),流线:温度梯度(K/m)

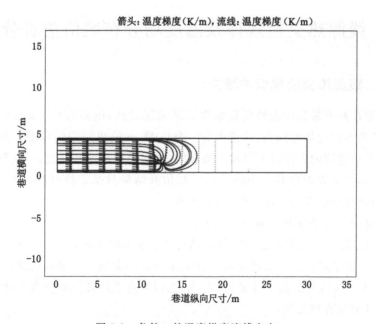

图 3-9 条件二的温度梯度流线方向

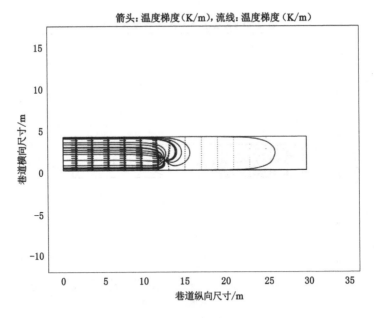

图 3-10　条件三的温度梯度流线方向

3.4　线源热交换规律及温度场分布数值仿真分析

3.4.1　线源热交换模型的建立

　　线源在井下最具代表性的就是煤炭运输时放热,模型选取一段 30 m 长的巷道,风流方向为从左到右,巷道内有一个长 18 m 输煤胶带的线源。为了研究热源位置对巷道内风流温度场的分布影响,本次模拟分两种情况,一是胶带靠近巷道一帮,二是胶带在巷道中间。由于对仿真结果只是定性分析,为了便于比较,将两个模型放置在一起,同时进行仿真。

　　仿真的边界条件和初始条件如下:

　　① 巷道两帮、热源表面与空气流动均满足无滑移条件;

　　② 风流左侧入口处的风速为 4 m/s,右侧出口处速度为法线流出;

　　③ 风流入口处的温度设定为 295 K,出口温度条件按热通量为 0 设置,假定出口与外界没有热交换;

　　④ 放热量按热通量(0.4 W/m²)设定。

　　风流的其他参数与点源放热模型一致。

3.4.2　线源仿真与结果分析

（1）由图 3-11 和图 3-12 可知：风流经过线源时温度一直在变化，经过线源后温度不再变化，这表明巷道内的风流经过线源时一直在进行热交换，温度逐渐升高。

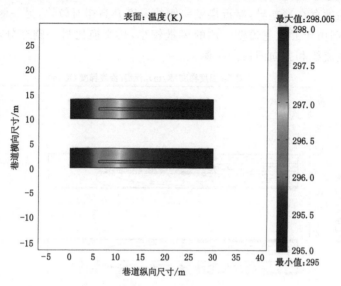

图 3-11　线源的温度表面图

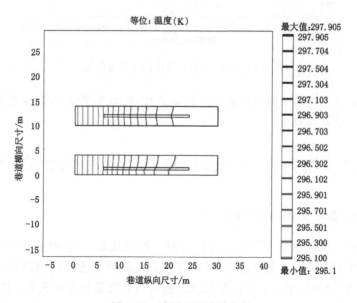

图 3-12　线源的温度等位图

（2）根据图 3-12 所示温度等位线的疏密变化可知温度升高的幅度逐渐减小，表明随着热交换的进行，风流与热源温差越来越小，换热量随风流温度的升高而降低。

（3）由图 3-12 和图 3-13 可知：胶带靠近巷道某一帮时，胶带两侧的热交换的速度与温度存在着差异，靠近煤壁一侧的温度升高相对较快，另一侧温度升高较慢，这说明由于靠近巷道壁一侧的风量较小，热交换比另一侧充分，同时风流的温度梯度流线和方向图偏向一侧。

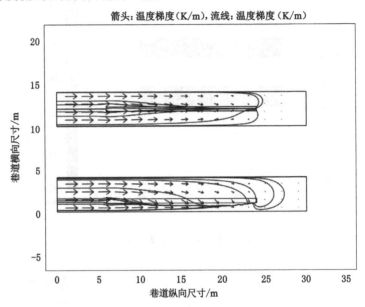

图 3-13　线源的温度梯度流线和方向图

而胶带位于巷道中间时风流温度逐渐升高，其温度变化、温度梯度和方向均以巷道中心呈左右对称。

3.5　面源热交换规律及温度场分布数值仿真分析

3.5.1　面源热交换模型的建立

面源模型以工作面放热为例进行计算。模型选取一段 50 m 长的工作面，两顺槽长度选取 10 m 进行模拟，风流方向从左侧顺槽进入，由右侧顺槽流出，上部设定为采空区，下部为工作面煤壁。假设只有煤壁和采空区是放热源，两个顺槽与风流没有热交换。

边界条件和初始条件：

① 顺槽的两帮、工作面煤壁的空气流动均满足无滑移条件，风流在采空区边界设置为"中性"，其意义为部分风流可以流入采空区。

② 风流入口处和出口处的风速均为 3 m/s，设定工作面和采空区内没有漏风，进出口风量相等。

③ 风流入口处的温度设定为 295 K，出口温度条件按热通量为 0 设置，假定为出口与外界没有热交换。

④ 工作面煤壁和采空区放热量分别是 0.6 W/m² 和 0.4 W/m²。

3.5.2　面源仿真与结果分析

工作面仿真计算结果见图 3-14 至图 3-17，其中图 3-14、图 3-15 是工作面风流速度场仿真结果，图 3-16、图 3-17 是工作面温度场的仿真结果。对风流速度场进行仿真，可以更好地认识工作面风流的流动规律，以便准确掌握风流与面源热交换后温度场的分布情况。

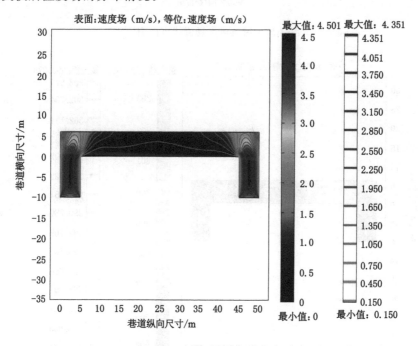

图 3-14　风流速度场表面等位图

（1）风流速度场分析

由工作面风流速度场表面等位图（图 3-14）可知风流速度大小以工作面中

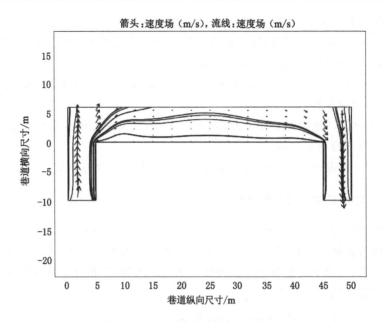

图 3-15　风流速度场流线方向图

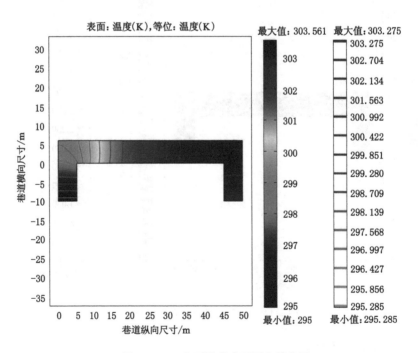

图 3-16　工作面温度表面图和等位图

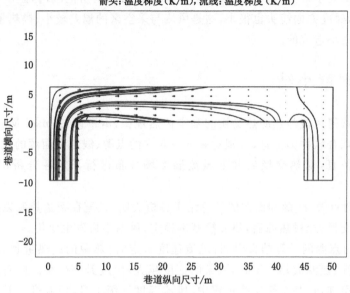

箭头:温度梯度(K/m),流线:温度梯度(K/m)

图 3-17　工作面温度梯度流线方向图

部为中心呈轴对称分布,两侧风速高,中间风速低。在上、下隅角处风流速度变化最大,在顺槽内风流速度达到最大值。经分析可知:风流进入工作面后,部分风流进入采空区,使工作面内风量降低,加之工作面断面比顺槽大,风速降低。

由工作面风流速度场流线方向图(图 3-15)可知风流的方向和流动的路线。箭头的长短表示风流速度的快慢,流线的多少表示风量大小和分布。由图 3-15可知:风流的方向是由进风顺槽经工作面、采空区回到回风顺槽,流速是由大到小再变大。从流线的数量和分布情况来看,风流中有一半的风在下隅角流入采空区,在上隅角流回,而且在上隅角流入时的范围较下隅角流出时的范围大。

(2)工作面温度场分析

由图 3-16 可知:工作面的温度随风流的方向逐渐升高,在回风顺槽处达到最大值。风流温升速度逐渐减小,与线源风流温度场相近。工作面中部温度等位曲线图有偏斜,表明工作面煤壁放热量大于采空区放热量。

上隅角处较大范围内温度升高较小,是采空区的风从上隅角回到工作面所致,因风量的增加使温度升幅较小。这与实际生产不一致,主要原因是简化了一些条件,仿真中只考虑了采空区岩石放热,没有考虑采空区氧化放热。

图 3-17 是工作面温度梯度流线方向图。由图 3-17 可知大部分流线由进风口指向采空区和工作面,指向工作面流线的数量大于指向采空区数量,表明工作

面的放热量大于采空区。在工作面中部偏上到回风隅角范围内,温度梯度流线出现空白,梯度方向箭头也很小,这是风流与采空区的温差较小、换热量少、风流温度变化很小造成的。

3.6　本章小结

为了获得风流与热源热交换的基本传热规律,本章以 Comsol Multiphysics 多物理场耦合软件为工具,分别对井下空间内的点源、线源和面源的放热情况进行了数值仿真,对热交换后井下风流温度场分布进行了定性分析,主要结论如下:

(1) 对点源、线源和面源的计算结果分析表明:风流在到达热源以前已经开始进行热交换,经过热源后,热交换基本稳定,风温不再发生变化。

(2) 由点源的计算结果得知:风流速度一定时,热源的放热量越大,风流温度升高越高;热源放热一定时,风流的速度越大,温度升高越小。由对线源和面源的计算可知:在整个热交换过程中,风流温度逐渐上升,但温度上升幅度逐渐减小。

(3) 对巷道内不同位置处线源的计算结果分析表明:在相同条件下,热源位置不同会改变巷道内风流温度场的分布,而风流的最终温度升高不发生变化。

(4) 分析工作面内风流与面源的计算结果可知:工作面风流运动状态对热交换有很大影响,回采工作面如果漏风严重,风流温度升高不遵循线性规律。

4　矿井风流参数预测与多热源作用下温度场分布规律

具有一定热力状态参数(一定的温度、压力和相对温度)的地面大气进入矿井,在风流沿井巷流动过程中会受到多个热源的影响,如围岩、机械设备、矿井水等,致使空气的状态参数发生了变化,其变化随着流经的距离和时间的不同而不同。在生产矿井已有巷道内,可以测得任一断面上某一时刻的空气状态参数,而对于设计矿井或生产矿井的新水平、未开采区则只能进行预测。

在矿井未开采前的设计阶段就可以对矿井的回采工作面和掘进工作面进行风流热力学状态参数预测,其主要作用包括:

(1) 根据预测结果判断该地区在开采时是否需要采取降温措施;

(2) 预测不采用制冷降温时矿井的可采深度;

(3) 确定采用人工制冷降温技术时的需冷量;

(4) 为高温矿井的供风标准确定和合理通风系统选择提供参考。

4.1　井下沿程风流温度预测模型建立

4.1.1　井巷内的主要热源

对矿井沿程风流温度进行预测时,应先确定在巷道内存在哪些热源。巷道的类型和功能决定了巷道热源的种类和放热强度。准确掌握巷道内热源的分布情况,是科学预测巷道风流温度的前提。

(1) 井筒中的热源

井筒是矿井连接地面的通道,新鲜风流从地表进入井下,井筒是风流温度升高的第一站。

① 空气压缩热:井筒中的热源主要是空气压缩生热,不管是立井还是斜井(平硐除外),只要存在高差,空气的静压力就会使空气产生热量。

② 围岩放热:井筒中的围岩虽然经过长时间通风,壁面温度接近风流温度,但是也会缓慢地向空气释放热量。

③ 输电电缆感应热：由于井下供电电缆均为高压电缆，输送量大，经过进风井筒的电缆也会放热。

④ 运输的矸石放热：矸石一般从副井运出，在运输过程中会向空气放热。

在入风井筒中一般没有机械设备放热，在一些采用斜硐方式开采的矿井，会有胶轮车放热等情况，应视具体情况加以考虑。

经分析可知：井筒内的热源除围岩放热外主要是线源放热，而且是贯穿整个井筒。

（2）主要巷道内的热源

这里所说的主要巷道是指除了井筒和回采巷道以外的所有进风巷道，这些巷道内的主要热源有：

① 机电设备放热：主要包括运输机车、带式输送机、变电站、通风机和绞车等。这些设备所产的放热量均是点源，带式输送机虽然是长距离连续输送，但是其电动机放热应属于点源放热。

② 巷道围岩放热：进风巷道围岩放热因通风时间不同，围岩性质不同，差别很大，此放热形式属于面源放热。

③ 胶带输煤和水沟热水放热：如果运输巷道兼作进风巷道，胶带输煤放热是主要热源之一，矿井涌水量大的巷道，水沟热水也是主要热源，这两类均属于线源放热。

④ 其他热源：包括照明设备、人员、水泥硬化等，因放热量较小，一般情况下可不考虑。

（3）回采巷道热源

回采巷道内的热源一般是指进风巷道内的热源，回风巷道内的热源不对工作面生产产生危害，一般不考虑。

① 围岩放热：回采巷道围岩相对于其他巷道来说，通风时间短，壁面温度高，围岩放热量相对较大。

② 运输的煤炭放热：工作面采下的煤一般都经进风巷道运出，如果工作面采用同向通风，此热源不考虑。

③ 机械设备放热：机械设备主要有带式输送机和工作面的设备列车放热等。

回采巷道内三种类型热源全部存在。

（4）工作面热源

工作面放热是井下放热量最大的地点，也是矿井热害治理的重点目标。

① 围岩放热：放热量最大的面源，壁面温度接近原岩温度。

② 开采下的煤岩放热：开采后的煤炭温度高，呈破碎状，热量释放多而且

迅速。

③ 机械设备放热：工作面的采煤机和刮板输送机都是大功率机械设备，工作后产生的热量一部分传到煤炭中，间接传递给空气，大部分都直接释放到空气中，同时在工作中还会产生摩擦热。

④ 热水放热：如果有涌水的话，还要考虑热水放出的热量。

（5）掘进工作面热源

① 围岩放热：掘进工作面围岩放热量大，加上掘进巷道通风时间短，风量小，热害更突出。

② 机械设备放热：采用的掘进机、运输机、通风机、凿岩机等设备放热。

③ 爆破放热：采用爆破掘进时，会有爆破放热，但因其存在时间短，而且难以计算，一般不考虑。

井巷内人员放热，应该视具体人数和地点确定，同时还有其他热源，但是相对于主要热源来说，放热量较小，在实际工程应用中可以酌情考虑。

4.1.2 矿井沿程风流温度影响因素

矿井沿程风流温度的主要影响因素包括巷道参数、风流初始状态和热源等方面。

（1）巷道参数

巷道参数主要包括巷道的长度、起始点高差、断面形状、断面面积、断面周长等基本参数外，还包括巷道表面的湿润系数和巷道壁面温度。

巷道的湿润系数是衡量巷道表面的淋水情况的参数，表示单位面积的巷道中湿润巷道所占比例，用以求解风流中的潜热变化。

巷道的壁面温度与巷道的原岩温度和通风时间有关，可以根据巷道风流的温度和通风时间来确定，一般对于通风时间长的井筒和巷道，可以近似认为其壁面温度与风流温度相等；对于回采工作面的壁面温度，可以认为与原岩温度相同。

（2）风流初始状态

风流主要包括入口风流的风速、干球温度、湿球温度、绝对压力，及根据风流的压力和温度查得的风流比热容，可以通过这些参数计算出风流的焓、含湿量、风流密度、风流的质量流量等参数。

（3）热源

热源根据具体的情况确定，对于巷道围岩放热，要知道放热巷道的长度、原岩温度以及风流与围岩的热交换系数；机械设备需要知道设备的功率和设备的机械效率；同时还要知道工作面煤炭日产量和煤岩的比热容等参数。如果巷道中有排水沟,还需要知道水的温度以及水与风流的热交换系数。

4.1.3　基本假设

矿井巷道内风流的温度和湿度是随时间发生变化的,井下风流与各热源之间的传热传质过程比较复杂,热湿交换是一个不稳定的过程,而且受时间变化的影响很大。因此预测前要对热交换过程进行简化,做如下假设[21]:

　　(1)巷道内的围岩均质,热力学参数各向同性;

　　(2)围岩导热认为是无限长圆筒导热,即巷道轴线温度梯度不考虑;

　　(3)所有热源放热量为定值,不随时间变化;

　　(4)井下风温不随时间变化,即入口风温为年平均气温。

4.1.4　模型建立

图 4-1 是矿井风流沿程流动示意图,风流从中央主、副井进入,到达井底车场,经主要巷道到达回采工作面进风平巷,冲刷工作面后由工作面回风平巷,经回风大巷和回风石门,由风井排出地面。

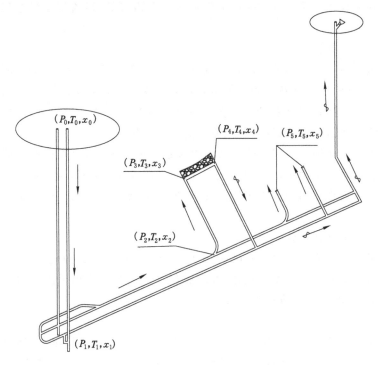

图 4-1　矿井风流流动示意图

（1）已知条件

由矿井地质资料可以获得井筒深度、井筒位置的地温梯度、淋水情况、岩石导热率、比热容等，并根据井巷的通风时间来确定井巷的壁面温度。

不管是投产矿井还是设计矿井，矿井巷道的参数、实际风量（或设计风量）、井下热源及其基本分布情况为已知条件。

在入风井地面的地表大气压力设为 P_0、干球温度为 T_0、含湿量为 x_0，根据这些数据计算出地面空气的所有热力学参数。

（2）模型预测方法

对于某一段巷道，知道了巷道的基本参数、围岩热力学性质、风流初始参数、巷道内的热源及放热量，就可以根据已知条件计算出这一段巷道末端风流的压力、含湿量和温度升高值。

根据地表的风流热力学参数就可以计算出井底车场处风流的大气压力 P_1、干球温度 T_1 和含湿量 x_1，进而得到井底车场的所有热力学参数。

同样道理，再以井底车场的热力学参数为基准，可求得风流经过大巷，到达回采工作面进风巷的参数 P_2、T_2 和 x_2。

以此类推，可以求得矿井中任一断面的风流热力学参数，得到矿井通风路线上风流的温升曲线和井巷的温度场分布。下面分别论述各段巷道内风流热力学参数（压力、含湿量和温度）的预测方法。

4.2 井下沿程风流热力学参数预测

4.2.1 风流压力预测

在井筒（不包括平硐）和倾斜巷道内，由于水平高度变化会引起大气压力的改变，而在水平巷道中，大气压力变化不大，可以近似认为大气压力相等。由于空气也受重力作用，由流体的知识可以知道压力随着深度的增加而增大，增大的压力值为空气密度和井筒深度的乘积。可以用下式表示[20-21,111]：

$$P_2 = P_1 + \rho g H \tag{4-1}$$

式中　P_2——井底的大气压力，Pa；

　　　P_1——地面大气压力，Pa；

　　　ρ——空气的密度，kg/m^3；

　　　H——井筒深度，m。

由于空气具有可压缩性，当高差较大时，空气柱内的密度不等，而是随着深度的增加而增大，应该按下式计算井底的大气压力：

$$P_2 = P_1 + \int_0^h \rho g \, \mathrm{d}z \qquad (4\text{-}2)$$

准确计算出井底某一深度的空气压力很难,可以近似地认为空气密度是随着深度的增加呈线性增大的,于是井底空气的大气压力可以用下式简化计算:

$$P_2 = P_1 + \frac{1}{2}(\rho_1 + \rho_2)gH \qquad (4\text{-}3)$$

式中 ρ_1, ρ_2——井筒始末端的空气密度,$\mathrm{kg/m^3}$。

4.2.2　风流湿度预测

矿井生产用水和地下水的涌出以及人员排泄等,使空气湿度增大,而且湿源分布较广。风流湿度的一般规律是沿着风流流动的方向,湿度是逐渐增加的。因此在矿井空气湿度预测中,相对湿度有以下几种确定方法。

(1) 计算法

巷道中风流含湿量 x 在大气压力一定的条件下,含湿量的变化与风流温度呈线性关系[21]:

$$x = \frac{0.622\varphi b(T+273-\varepsilon)}{B-p_m} = 0.622\,\frac{\varphi b(T+\varepsilon')}{B-p_m} \qquad (4\text{-}4)$$

式中 x——风流的含湿量,$\mathrm{kg/kg_{干空气}}$;

$b, \varepsilon, \varepsilon', p_m$——常数,可由表 4-1 查得[20]。

表 4-1　b、ε、ε'、p_m 常数取值表

气温 $T/℃$	b	ε	ε'	p_m
1~10	61.978	263.676	9.324	1 016.12
11~17	50.274	253.021	19.979	1 459.01
17~23	144.305	276.770	−3.770	2 108.05
23~29	197.838	281.988	−8.988	3 028.41
29~35	268.328	287.288	−14.288	4 281.27
35~45	393.015	295.958	−22.958	6 497.05

令

$$A = 0.622\,\frac{b}{B-p_m} \qquad (4\text{-}5)$$

则式(4-4)可变为:

$$x = A\varphi(T+\varepsilon') \qquad (4\text{-}6)$$

将式(4-6)代入式(4-4),得:

$$x = A\left(\varphi_1 + \frac{\Delta\varphi}{L}y\right)(t+\varepsilon') \tag{4-7}$$

则有：

$$\mathrm{d}x = A\left(\varphi_1 + \frac{\Delta\varphi}{L}y\right)\mathrm{d}T + \frac{\Delta\varphi}{L}A(T+\varepsilon')\mathrm{d}y \tag{4-8}$$

（2）简易计算法

根据相对温度沿着风流流动的方向逐渐增加规律，有人提出了用下式来预测空气的相对温度：

$$\varphi = \varphi_1 + g_\varphi\Delta L \tag{4-9}$$

式中　φ_1,φ_2——巷道始、末端的风流的相对湿度；

g_φ——风流相对湿度随巷道长度变化的增加率，m^{-1}；

ΔL——测算巷道的长度，m。

由于井下空气的相对温度变化在整个通风路线上是增长的趋势，但是风流在井巷中流动时并不是处处增长的，而且增长率变化也很大，当预测点距离小且巷道中存在湿源时，预测误差会很大。

（3）经验取值法

由于按上述方法计算误差比较大，根据中国煤矿的调查情况，井下空气湿度一般为80%～100%，而且常年变化不大，提出了采用矿井空气湿度的经验值作为预测值，经验值来源于风流湿度，按矿井实际分布和变化的常年统计资料，其经验值见表 4-2[21,112]。

表 4-2　矿井相对湿度经验值

地点	相对湿度/%	地点	相对湿度/%
井底车场	80～95,100（较大淋水）	大巷	80～90
采区巷道	90～100	工作面	90～100
风筒内	80～85	回风巷道	100

实践证明：采用经验取值方法预测风流湿度可以简化风流湿度的预测程序，具有一定的可靠性，应用比较广泛。

矿井风流湿度预测与矿井空气压力预测一样，只是为风温预测计算提供依据，根据矿井生产的特点，在无特殊要求下，对矿井大范围进行空气湿度的调节和控制，既不现实也无必要。

4.2.3 风流温度预测

4.2.3.1 井筒内风流温度预测

井筒内风温预测就是预测由地面到井底车场距离内风流的温度,由于地层内各种岩石的热物理性质不相同,围岩的初始温度随岩性的不同变化比较大,同时井筒通常穿过含水层,增加了井筒内风流的湿度。不管立井还是斜井,井筒的高差大,风流压缩产热较多,此外,在井筒内敷设有压风管、排水管等各种管路,均会引起风流温度和湿度的变化。

井筒内的温度主要由两个部分组成,一部分是空气压缩热,一部分是井筒围岩向风流中传热。

(1)风流自压缩作用引起的温升

风流压缩生热可以理解为绝热升温过程,用下式计算:

$$Q_y = M_B \cdot g \cdot \Delta L \tag{4-10}$$

式中　Q_y——风流自压缩生热量,J/s;

　　M_B——计算巷道通过风流的质量流量,kg/s;

　　g——重力加速度,9.8 m/s^2。

　　ΔL——迭代计算的井筒长度,m。

(2)围岩传递给风流的热量

由于温差的作用,井巷围岩会放出(或吸收)风流的热量,而由于矿井水的存在,井下巷道表面多呈湿润状态,所以放出(或吸收)的热量除了交换的显热量以外,还有潜热量,应分别计算。

① 显热量

显热量可用下式计算:

$$Q_x = k_\tau (T_b - T_f) \cdot U \cdot \Delta L \tag{4-11}$$

式中　Q_x——围岩向风流传递的显热量,J/s。

　　k_τ——干燥井壁面对流换热系数,W/(m^2·℃),建议采用 $k_\tau = 2.728\varepsilon \cdot u^{0.8}$ 计算,其中,u 为井筒内风速,m/s;ε 为井筒表面粗糙度系数,粗糙度系数与巷道的支护形式有关,一般光滑巷道壁面取 1.0,主要岩石巷道取 1.0~1.65,煤层运输和回风平巷取 1.65~2.50,回采工作面取 2.50~3.10。

　　T_b——井筒壁面温度,℃。

　　T_f——井筒中风流温度,℃。

　　U——井筒断面周长,m。

壁面温度和通风时间有关,可以用下式计算:

$$\frac{\partial T}{\partial \tau} = \lambda \left(\frac{\partial^2 T}{\partial r^2} + \frac{1}{r} \frac{\partial T}{\partial r} \right) \tag{4-12}$$

式中　τ——通风时间,s;

λ——导温系数,m²/s;

r——巷道半径,m。

② 潜热量

完全湿润井巷的表面水分蒸发潜热量用下式计算[121]:

$$Q_{qh} = (\gamma + 1.84 T_b) \cdot \psi \cdot m_S U \Delta L \tag{4-13}$$

式中　Q_{qh}——风流潜热变化量,J/s;

γ——水的汽化潜热,其值为 2 497.848~2.324t_w,J/g;

m_S——湿润壁面对流湿交换量,kg;

ψ——部分湿润巷道湿度系数。

计算井筒段 ΔL 内巷道的风热量守恒方程为:

$$M_B c_p \cdot (T_f^{(1)} - T_f^{(0)}) = Q_y + Q_x \tag{4-14}$$

整理后得:

$$T_f^{(1)} = T_f^{(0)} + \frac{U \Delta L}{M_B c_p} \left[K_\tau (T_b - T_f^{(0)}) + (\gamma + 1.84 T_b) \psi m_s \right] \tag{4-15}$$

式中　c_p——空气的质量定压热容,J/(kg · ℃)。

4.2.3.2　巷道风流温度预测

风流通过巷道时,巷道内的热源与风流进行湿热交换,除围岩散热外,还有一些局部热源、运输中的煤岩散热以及矿井水与风流的潜热交换,所以风流吸收的热量应由以下几个部分组成:

$$\sum Q_M = Q_s + Q_m + Q_j \tag{4-16}$$

式中　Q_s——巷道内热水放热,J/s;

Q_m——巷道内运输煤岩放热,J/s;

Q_j——机电设备放热,J/s。

根据矿井内风流与环境热交换理论,日本工学博士平松良雄给出了风流与环境热交换的热平衡方程[20]:

$$M_B c_p (T_f^{(2)} - T_f^{(1)}) + M_B \gamma (x_2 - x_1) = \eta \lambda \Delta L \left[T_{gu} - \frac{1}{2} (T_1 + T_2) \right] + \sum Q_M \tag{4-17}$$

巷道的水分蒸发为:

$$M_B(x_2 - x_1) = \frac{\Delta L U \alpha \psi \left[x_s - \frac{1}{2}(x_1 + x_2) \right]}{c_p} \tag{4-18}$$

由此可以得出巷道终端的风温计算式为:

$$T_f^{(2)} = T_f^{(1)} + \frac{\eta \lambda L (T_{gu} - T_f^{(1)}) - \gamma M_B(x_2 - x_1) + \sum Q_M}{M_B c_p + \frac{1}{2} \psi \lambda \Delta L} \tag{4-19}$$

式中　x_1, x_2——巷道始、末端的风流含湿量,kg/kg干空气;

c_p——空气的质量定压热容,J/(kg·℃);

γ——汽化潜热,J/kg;

η——时效系数;

α——放热系数,W/(m²·℃);

ψ——巷道湿润系数;

x_s——饱和含湿量,kg/kg干空气。

上面是以井底车场的温度为基准,水平巷道风温预测的迭代模型,如果巷道为倾斜巷道,在计算时需要将风流吸收的总热量 $\sum Q_M$ 加上(或减去)因高度变化而引起的压缩热。经过多段巷道的迭代计算,就可以预测井下任意巷道内风流的温度。

(3) 工作面的风流温度预测

相对于井筒和普通巷道来说,工作面长度较短,而且工作面风流温度是沿风流方向逐渐升高的,在风流入口处温度最低,而在风流出口处温度最高,因此仅预测入口处的温度和出口处的温度。

采煤工作面的主要热源有:煤层及顶底板围岩散热、采煤机和刮板输送机散热、采落煤岩运输散热、煤炭氧化热和其他局部热源的散热等。因此可以建立采煤工作面的热交换微分方程:

$$M_B c_p dt + M_B \gamma dx = k_\tau U(T_{gu} - T_a) dy + \frac{1}{L}(Q_K + \sum Q_M) \tag{4-20}$$

式中　k_τ——风流和围岩的不稳定换热系数,kW/(m²·℃);

T_{gu}——岩体原始温度,℃;

T_a——风流温度,℃;

U——工作面断面周长,m;

L——工作面长度,m;

y——工作面进风口为坐标原点,风流方向为坐标轴的坐标值,m。

采煤工作面其实是巷道的一种特殊形式,根据德国学者的研究,工作面内运输中煤炭的放热量可用下式计算:

$$Q_y = 4.17 \times 10^{-5} C_m t L^{0.8} (T_{gu} - T - 3.5) \tag{4-21}$$

式中　t——工作面日产煤量,t;

将式(4-21)代入式(4-20)可得:

$$
\begin{aligned}
[M_B c_p L + M_B \gamma A (L\varphi_1 + \Delta\varphi y)] dT = & [(K_\tau UL + 4.17 \times 10^{-5} C_m t L^{0.8}) \times \\
& (T_{gu} - T) - 1.46 \times 10^{-4} C_m t L^{0.8} + \\
& \sum Q_M - \Delta\varphi M_B \gamma A (T + \varepsilon')] dy
\end{aligned}
\tag{4-22}
$$

令

$$E = A \frac{\gamma}{C_p} = 2.4876 A \tag{4-23}$$

$$N = \frac{k_\tau UL + 4.17 \times 10^{-5} C_m t L^{0.8}}{M_B c_p} \tag{4-24}$$

$$F = \frac{\sum Q_M - 1.46 \times 10^{-4} C_m t L^{0.8}}{M_B c_p} - E\Delta\varphi\varepsilon' \tag{4-25}$$

则式(4-22)可简化为:

$$[L + E(L\varphi_1 + \Delta\varphi y)] dT = [N T_{gu} - (N + E\Delta\varphi) T + F] dy \tag{4-26}$$

对式(4-26)积分得:

$$\ln \frac{N T_{gu} - (N + E\Delta\varphi) T_2 + F}{N T_{gu} - (N + E\Delta\varphi) T_1 + F} = -\left(1 + \frac{N}{E\Delta\varphi}\right) \ln \frac{1 + E\varphi_2}{1 + E\varphi_1} \tag{4-27}$$

式中　T_1, T_2——工作面进风口和出风口的温度,℃。

令

$$\Phi = \ln \frac{1 + E\varphi_2}{1 + E\varphi_1} \tag{4-28}$$

采煤工作面末端的风温预测公式为:

$$T_2 = T_1 \exp\left[-\left(1 + \frac{N}{E\Delta\varphi}\right)\Phi\right] + \left(\frac{N T_{gu} + F}{N + E\Delta\varphi}\right) \cdot \left\{1 - \exp\left[-\left(1 + \frac{N}{E\Delta\varphi}\right)\Phi\right]\right\} \tag{4-29}$$

对矿井风流热力学状态参数预测工作具有重要的意义,不但可以预测巷道内任一断面上风流的热力学状态,还可以分析矿井采掘工作面等施工地点的热害等级,可以为高温矿井的风量分配、降温需冷量计算等提供基础数据。所以,矿井风流热力学参数预测工作在矿井热害治理方法的选择和工程实际应用中具有重要的指导意义。

4.3 多热源耦合作用下风温预测与温度场演化规律

根据前面的理论分析,采用数值仿真的方法对多热源作用下风流的温度场分布进行预测和研究。

4.3.1 围岩和空气压缩放热耦合作用下风温预测

以立井井筒为例对围岩和空气自压缩放热进行仿真。

4.3.1.1 模型的建立

井筒内的温度变化主要由两个部分组成,一部分是空气压缩热,一部分是井筒围岩向风流中传热。基于此可建立井筒到井底的传热模型,选取井筒长度为100 m的立井井筒,井筒直径为6 m。

井筒入口和出口处风速均为6 m/s,井筒不漏风,井口入风温度为293 K,井壁放热量按0.001 W/m² × 0.1倍井筒长度设定(通风时间久,放热量低),风温出口条件按热通量给定,软件自动计算。

4.3.1.2 仿真结果分析

(1)风流分析

由风流速度场图4-2可以看出:风流从井口进入,由井底流出,速度场分布均匀,流线在井筒内中间长,两边短。这表明井筒内风量大小不变,井筒中间风流速度大,两侧由于风流与井壁之间有摩擦阻力,风速逐渐变小。

(2)风流温度分析

图4-3和图4-4是井筒内风流温度变化的表面图和温度等位图,可以得到以下结论:

① 风流温度是逐渐升高的,最小温度为293 K,风流到井底时最大温度为294.319 K;

② 自上到下风流温度的升高幅度逐渐增大,风流温度随着井深的增加,温度升高变化率越来越大;

③ 由第2章的理论分析可知风流自压缩热每百米升温约1 ℃,所以测得井筒到井底车场的温度就可以计算出井壁的放热量。

图4-5是沿井筒纵向的温度剖面图,由此图可以更好地分析风流温度沿井筒深度的变化情况。

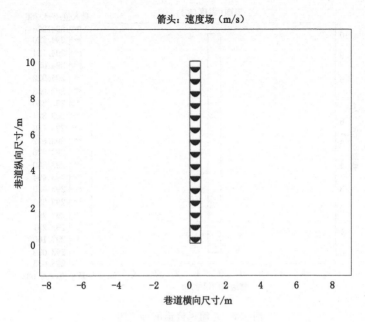

图 4-2 风流速度场方向图

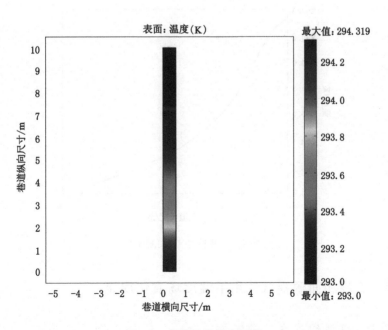

图 4-3 井筒温度场表面图

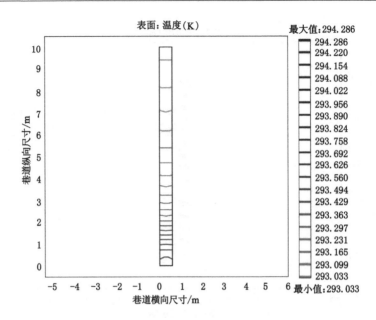

图 4-4　井筒风流温度等位图

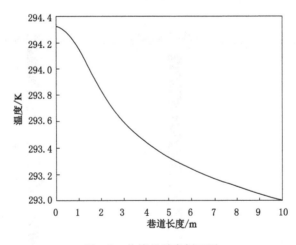

图 4-5　井筒的温度剖面图

4.3.2　点源和面源耦合作用下温度场演化规律

4.3.2.1　模型的建立

选取长度为 40 m、宽度为 4 m 的水平巷道建立模型。巷道内风流速度均为

4 m/s,巷道入风温度为 293 K,巷道壁放热量按 0.01 W/m² 设定。风温出口条件按热通量给定。

巷道内设置 3 个点源,左侧的 2 个点源放热量相同,定义为相对热源,设置其表面温度为 298 K,右侧的热源为绝对热源,放热量为 0.2 W/m²。

为了对比分析,对巷道内无点源和有点源的情况分别进行仿真分析。

4.3.2.2 仿真结果分析

仿真结果见图 4-6 至图 4-11,由于风流风量没有变化,只分析风温变化情况。

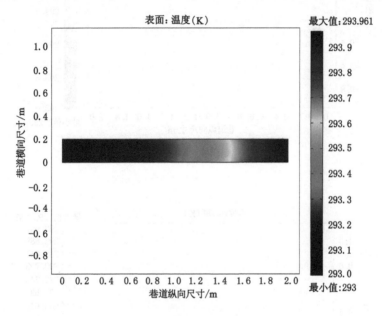

图 4-6 巷道温度场表面图 I

① 由温度表面图可知:只有巷道围岩传热而没有其他热源传热的情况下,巷道的温度升高了 0.961 K,而在有 3 个额外的点源放热情况下,温度升高了 3.695 K。

② 由温度等位线可知:在没有点源的情况下,温度等位曲线为平行线(图 4-8),而在有点源的情况下,在点源前后温度分布发生了变化,其变化与热源的位置、热源放热量有关(图 4-9)。

③ 在没有点源的情况下,巷道内的风流温度增长速度先慢后快,而在有点源的情况下,风流温度升高的速度是先快后慢,而且在点源附近温度会出现"跃升"现象。

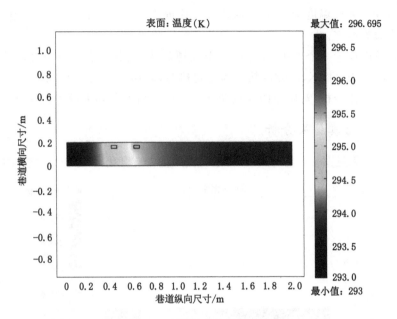

图 4-7　巷道温度场表面图 Ⅱ

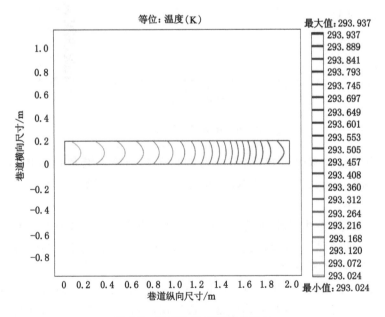

图 4-8　巷道风流温度等位图 Ⅰ

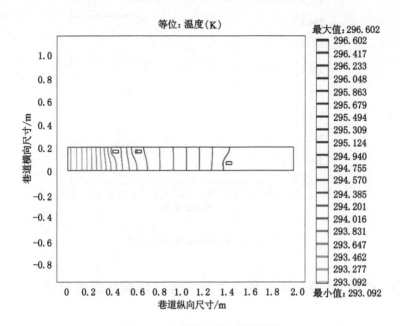

图 4-9 巷道风流温度等位图Ⅱ

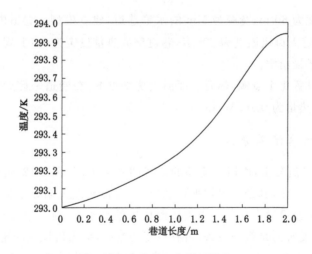

图 4-10 巷道的温度剖面图Ⅰ

④ 由温度升高的曲线可知:在没有点源的情况下,曲线比较平滑,在有点源的情况下,点源处的曲线发生了变化。

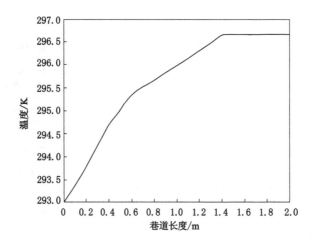

图 4-11 巷道的温度剖面图 Ⅱ

4.3.3 点源、线源和面源耦合作用下温度场演化规律研究

4.3.3.1 模型的建立

选取长度为 60 m、宽度为 5 m 的水平巷道,建立模型。巷道内风流速度均为 3 m/s,巷道入口风温度为 295 K,巷道壁放热量设定为 0.01 W/m²。风温出口条件按热通量给定。

巷道内设置 1 个点源,热源表面温度为 300 K,在巷道一侧设置 1 个线源,代表水沟,放热量为 0.02 W/m²。

4.3.3.2 仿真结果分析

① 巷道风流分析:由风流流动的流线图和箭头图(图 4-12)可知:风流流线在点源处发生变化,其余位置均平行稳定;风流箭头图无明显变化,表明风流稳定,风流进、出速度没有变化。由于线源设置的是水沟,对风流流动产生的影响较小,而点源设置的是机械设备,占有一定的空间,会阻碍风流的流动,因而在风流经过点源时发生了湍流现象。此外,由于摩擦阻力的存在,巷道中部的风流速度大,靠近两帮风流速度小。

② 风流换热分析:在点源、线源和面源均放热的情况下,由温度表面和等位图(图 4-13)可知:巷道的温度升高 3.172 K,在巷道左侧风流先与线源进行热交换,在与线源接触的一侧风温首先升高,等位线出现倾斜。在到达点源之前,等

箭头:速度场(m/s),流线:速度场(m/s)

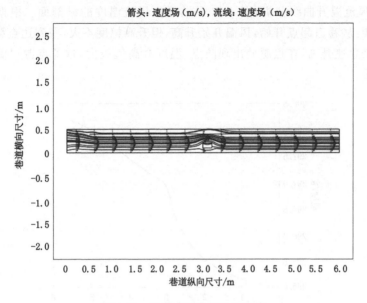

图 4-12 风流速度场流线方向图

位线变密,与点源热交换后,由于点源在巷道的另一侧,等位线斜率变得平直,随着风流的流动,等位线又出现倾斜。

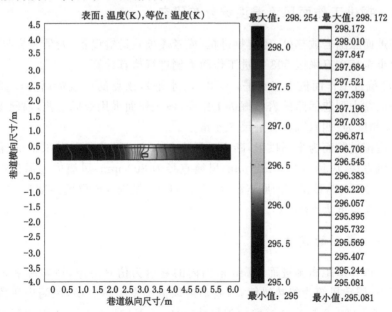

图 4-13 温度表面图和等位图

③ 风流温升曲线分析：图 4-14 是巷道内风流温度的纵剖面。根据坐标和曲线可知：从巷道起点开始，风温开始升高，但升高幅度不大，在到达点源前风流温度开始急速升高，在点源处出现凸点，温度升高值最大，过了点源后温度曲线变得平缓。

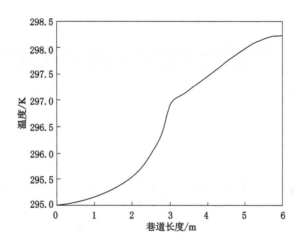

图 4-14　风流的温度剖面图 I

4.3.4　掘进工作面风流温度场分布研究

掘进面除围岩放热外，还有掘进机（或者爆破）、运输设备、人员等热源放热。以鸡西市东海矿五采区 503 掘进工作面为例进行仿真计算。

503 掘进工作面位于三水平（－780 m 水平），该点的地表标高为＋225 m，是五采区左十副巷回路的岩巷掘进工作面，该工作面采用炮掘工艺，锚网支护顶板，作业制度为"四六"制，日进尺 3.6 m。

巷道掘进断面为半圆拱形，断面面积为 8.68 m，巷道宽度为 3.2 m，采用压入式通风方法，风量为 246 m³/min，风筒直径为 800 mm，风筒内的风流速度为 8.2 m/s。经实测，该位置的原岩温度为 36.44 ℃，掘进裸露壁面温度为 31.4 ℃，风筒内风流温度为 23.6 ℃。

4.3.4.1　模型的建立

选取该巷道距离掘进面 50 m 范围内的巷道为仿真对象，按实际巷道参数建立模型，假定风筒为绝热风筒，与巷道内风流不发生热交换，风筒内风流温度为 296.75 K（23.6 ℃），巷道壁面温度为 304.55 K（31.4 ℃），巷道两帮放热量按 0.000 2 W/m² 设定，掘进面内人员放热和其他热源忽略不计。

风筒出口风流速度为 8.2 m/s,巷道口风速参数值设置为"法线流出",温度
参数值设置为"对流通量"。

4.3.4.2 仿真结果分析

仿真结果如图 4-15 至图 4-17 所示。

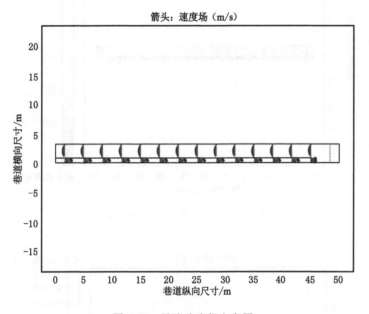

图 4-15 风流速度场方向图

① 由风流速度场(图 4-15)可以看出风流的流向和速度变化,风流经风筒,
吹洗掘进面后沿巷道流出,风速在风筒内最大,在掘进面形成湍流后由巷道排
出,巷道内风速降低,流出速度为 2.7 m/s。

② 由温度表面图和等位图可知(图 4-16 和图 4-17),风流在风筒内温度没
有发生变化,风流与外界环境没有热交换。在掘进面处等温线密集,表明该处风
流热交换充分,风流的温度变化很大,从掘进面岩壁到风筒处逐渐降低,由风筒
出口向外又逐渐升高,温升幅度越来越小,当距离掘进工作面 40 m 以外时,风
流温度变化不明显。

③ 由掘进巷道中部的风流温度升高的曲线可知:掘进面到风筒出口处风流温
度急速降低,然后开始升高,但是曲线的斜率逐渐减小,曲线最后变平(图 4-18)。
在巷道的出口处风流的温度为 302.3 K(30.15 ℃),与实际测量结果接近,如
图 4-19 所示。

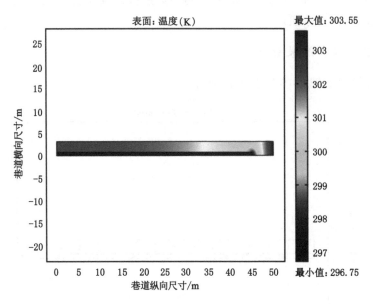

图 4-16 掘进工作面温度场表面图

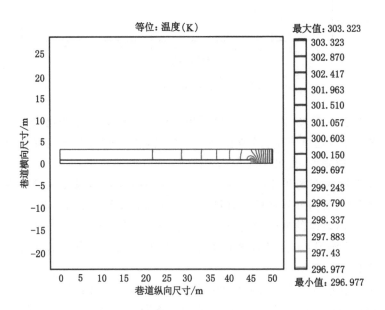

图 4-17 掘进工作面风流温度等位图

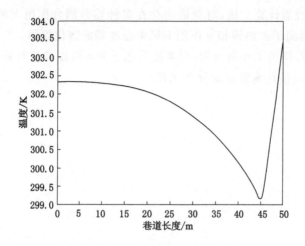

图 4-18　掘进工作面温度剖面图

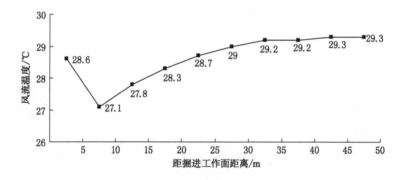

图 4-19　掘进工作面风流温度测量值

由于该巷道为岩石掘进巷道,巷道内没有瓦斯,因而风量分配的主要依据是保证作业地点的风流不高于《煤矿安全规程》规定的标准。因为该矿井是生产多年的老矿井,开采范围大,通风困难时期掘进工作面配风量偏少。

4.4　本章小结

本章围绕矿井沿程风流温度预测进行研究,得到的主要结论如下:

(1)通过研究矿井巷道内的热源分布和风流影响因素,建立了井下风流热力学参数计算模型,通过该计算模型可以预测井下风流的温度、湿度和压力等热力学参数。

（2）采用数值计算方法，对巷道内存在多种热源耦合作用下的风流温度进行数值仿真，得到了多热源相互作用下风流温度场的演化规律。

（3）以实际掘进工作面为例，对紊流状态下的风流温度进行数值仿真，得到该状态下的风流传热和温度场分布规律。

5 矿井降温技术降温效果分析与选择方法

矿井降温技术可以分为非制冷降温和制冷降温两大类。非人工制冷技术主要有:通风降温、改进生产和采空区处理方法、预冷煤层、隔绝热源、个体防护等。人工制冷降温技术冷却风流的措施又称为矿井空气调节,人工制冷降温按照载冷介质的不同,通常可以分为三类,以空气为介质的压缩空气降温技术、以水为载冷介质的人工制冷水降温技术和以冰为载冷介质的人工制冰降温技术。根据制冷设备的位置不同,又可以分为地面集中式、井下集中式、井上下联合式和移动式,每种降温技术都具有其优缺点和适用条件,在选择降温方案时要结合矿井实际热害情况来确定。

5.1 非人工制冷降温技术

5.1.1 通风降温

目前通风降温是矿井热害治理中的首选方案,通风降温方法主要有增加风量、改进通风方法、下行通风、缩短进风路线等方法。

(1) 增加风量

增加风量是通风降温中最常用、最有效的降温方法,风量的大小是对矿内气候条件有重要影响的决定性因素,增加风量不但能有效降低作业环境的温度,而且费用也比较低。增加风量的优点主要有两个:第一个是减少井下热环境对单位风量的加热量时间,可以降低巷道内风流的温度;第二个是风量增加后提高了风速,降低了空气中的湿度,从而改善井下气候条件,会让矿工感觉更舒适。

但是当风量增加到一定程度,降温效果就不明显了,因为随着风量的增加,巷道围岩的放热量也随之增加,风流中总的热量增加了。而且增加风量会受到一些条件的限制,一是受矿井的主扇的功率的影响,风机的功率与巷道内的风量呈三次方关系,矿井通风能力一定时,增加的风量有限;二是受巷道内风流最高流速的限制,例如工作面内的风速不能超过 4 m/s。

（2）缩短进风线路长度

矿井通风路线短，风流与围岩热交换的时间也短，在到达高温地点时，风流温升小，降温效果明显。矿井通风路线的长度和矿井的通风方式有关，一般来说，当井田走向长度一定时，如果采用不同的通风方式，进风线路的长度则不相同，相应的风流的温升就会降低，达到了降温效果。当矿井开采深度相同时，入风井为立井比斜井更有利于降低风流温度。

（3）改革工作面通风方式

回采工作面是矿井热害产生的重要场所，工作面的通风方式不同会对气候条件产生不同的影响，目前长壁回采工作面多采用"U"形通风，相比于"W"形通风，供风量较少，通风路线长，风流温升较大。热害严重的回采工作面，可将"U"形通风改为"W"形通风。

采用三条巷道通风时（"W"形通风），能有效改善开采工作面的气候状况，"W"形通风是从工作面中部平行于上、下顺槽开一条腰巷，由两个顺槽进风，由腰巷回风。但"W"形通风会多掘出一条腰巷，增加掘进和维护的费用，在降温时考虑降温效果的同时还应该注意经济成本。

（4）下行通风降低工作面风流温度

在采区式开采时，改变采煤工作面风流方向可以改善工作面入风风流的温度，即下行通风，就是使新风流经由原回风平巷自上而下冲洗工作面，乏风由原进风平巷流出。这样风流的方向与运煤方向一致，煤炭的氧化放热，煤岩在运输过程中释放的热量，以及电动机车、矿井热水等各种局部热源所放出的热量，不再进入回采工作面，从而可以降低工作地点的风流温度。下行风降温效果不但受风量和风流温度影响，而且受煤层倾角的影响，一般来说，煤层倾角每增加 $10°$，温度降低 $1\ ℃$。

将上行风改为下行风，对降低风温是有益的，然而对于下行通风的缺点也不应忽视，特别是在有瓦斯和煤尘爆炸危险的矿井中应有可靠的安全措施。

5.1.2 有利于降温的生产管理方式

（1）改进开拓方式，采用集中生产

不同矿井的开拓方式不同，相应的入风路线长度不同，因此风流到达工作面的风温也不同。一般来说，分区式开拓与混合式开拓可以大幅度缩短入风线路的长度，从而降低风流到达高温工作面前的温升。目前新建矿井生产能力大，井田面积大，采用分区域开拓不但有利于通风和降温，而且有利于辅助运输、高效生产和安全管理等。

对于煤层赋存条件较好的矿井，适当加大矿井开采强度，提高工作面煤炭产量,这样全矿井的采掘工作面数量会减少。虽然在单个采掘工作面散热量会有所增加,但是同时生产的采掘工作面数量减少,井下围岩放热总量就小,从而有利于提高风流的降温效果。

(2)采用倾斜长壁采煤法,提高工作面回采率

与单一走向长壁采煤法相比,倾斜长壁采煤方法有利于改善工作面的气候条件,采用倾斜长壁采煤方法,通风路线短,有效风量相应提高,但是应用范围只局限于缓倾斜煤层。

提高工作面的回采率,降低采空区遗煤量,减少采空区浮煤氧化后产生的热量,避免采空区向工作面放热,同时可以降低采空区自然发火事故的发生概率。

(3)全面充填法处理采空区

工作面采用 U 形通风后退式开采时,采空区内的热量被风流带入工作面和回风巷道中,对工作面上隅角附近和回风巷道内风流的温度影响较大。如果采用全面充填法处理采区空,可以有效控制工作面热害,其原因有三:一是采空区被填实,采空区不漏风,工作面的有效风量增大;二是采空区没有冒落,放热量降低;三是由于采空区充填物温度比井下围岩温度低,能够对矿井空气起到一定的降温作用。据相似矿井实测,该方法可使工作面气温下降 5~10 ℃。

但是采用充填法处理采空区,需要一套充填开采系统,成本较高,"三下"开采时可以兼得降温的效果。

(4)采用"四六"作业方式

对于高温采掘工作面,缩短工作人员的工作时间,将原来的"三八"作业制度、或者"双九一六"改为"四六"制作业方式时,可以减少工人在热害地点的工作时间,有效保障工人的身体健康,避免工人因高温热害而引发疾病和矿井事故。

在高温环境中工作时间过长时,工人会产生一些生理性问题,如体温过高,水盐代谢等问题,会使工人注意力不集中,劳动生产率下降。据统计,高温工作面气温每超过 1 ℃,生产效率就会随之降低 6%~8%,当热害严重时,矿井甚至无法组织进行正常的生产活动。恶劣的热环境使人的中枢神经受到抑制,降低肌肉的生理机能,从而使工人在热环境中容易感到心里难受、烦躁和注意力不集中等,这就很容易导致安全事故的发生。

5.1.3　降低热源放热量

在深部开采过程中,围岩是主要的热源,同时机械设备放热、矿井水放热、氧化放热等热源也不容忽视。减少热源放热的方法主要包括以下几种。

(1)巷道散热的控制

当巷道围岩温度很高时,风流流经高温巷道吸收热量就大,如果将巷道岩壁

喷涂一些隔热材料,可以防止和降低岩壁向巷道中的空气散热。苏联科学家曾采用锅炉渣作为隔热材料喷涂岩壁,其他国家采用了聚乙烯泡沫、硬质氨基甲酸泡沫和珍珠岩等材料喷涂岩壁,这些材料不仅具有较好的隔热性能,其防水性能也较好。一般来说,采用巷道岩壁隔热治理矿井热害相对于其他的降温方法降温费用较高,同时还应注意防火、释放有毒气体等安全问题,因此限制了这种降温方法在较大范围内的应用。

在一些热害严重的局部巷道或者某些硐室中,这种方法可作为一种辅助降温手段与其他降温措施配合使用。

（2）设备放热的控制

机械设备在矿井热害中占有很大的比例,随着生产机械化程度的提高,大型设备的功率越来越大,相对应的向风流中的散热量也大。大型设备的机电硐室应采用独立通风方法,使其释放的热量不进入工作地点,同时要提高机械设备的运转效率,避免设备空转运行,降低设备的能耗,减少机械设备的放热。

（3）井下热水放热的控制

矿井涌出的热水对风流有显著的加热作用,不仅会增加风流的温度,还会提高风流的湿度,使风流中潜热增加。热水沿含水层或断裂带运移时,可产生大面积或局部的高温水进入巷道,致使井下风流的温度升高和湿度增加。

治理矿井热水常用方法有以下几种:一是超前疏排热水,并采用隔热管道排至地面;二是将井下水沟设置隔热盖板,热流通过水沟导入水仓;三是在矿井热水涌出量较大的情况下,采用专门的排水巷道排出热水,但这种方法费用较高。

（4）运输中煤和矸石散热的控制

对于刚采掘出的煤炭和矸石,其温度高于风流温度,会向风流中散发出大量的热。一般的解决方法是向煤和矸石喷水,在一定程度上减少了煤向空气中的散热,但是同时增加了空气中的湿度,而运煤巷道一般都为进风巷道,风流会把这些热量带入工作面。如果条件具备,工作面采用同向通风(乏风风流方向与工作面运煤方向相同),可解决运输煤过程中的散热问题。

5.1.4 其他方法

（1）预冷煤层

预冷煤层降温是指在回采工作面两侧的顺槽向工作面煤体中钻孔,将低温水通过钻孔注入煤体中的降温方法。低温水通过渗透、压差、毛细和分子扩散作用冷却工作面内的煤体和围岩。由于水的比热容较大,可以吸收煤岩体内大量的热,在工作面回采时,原岩体放热就会大幅度降低。此外,预冷煤层时,增大了煤体内的含水率,开采时可以起到降尘的效果。从经济方面来看,预冷煤层（煤层注水)比采用制冷设备进行降温更为经济有效。

（2）个体防护

个体防护是指采取穿冷却服等措施,使矿工免受恶劣气候环境危害的降温措施。在矿内一些工作地点,高温致使空气环境条件差,采取其他降温措施冷却风流时,在技术上不可行或经济上不够合理,此时让矿工穿上冷却服,以实行个体防护。冷却服能够防止高温环境对身体的对流和辐射传热,使人体产生的热量较容易传递给冷却服中的冷媒。此外,穿冷却服工作时,不应产生有毒、有害以及易燃易爆物质,满足降温及便于劳动等要求。

有的冷却服配有压气管或冷水管,会带着"尾巴",工作起来很不方便。冰水冷却坎肩和干冰坎肩解决了这个问题,这两种冷却服要自带冷源,无需外界供给。对于高温工作地点的工人,应发放高温补贴以及防中暑的饮料和药品等。

5.1.5 非人工制冷降温技术对比分析

非制冷的降温方法有很多,经过多年的发展与实践,积累了丰富的经验。其特点是降温工艺简单,降温成本相对较低,但降温能力有限,只适用于矿井热害较轻的矿井和采区。由于采用的降温方法不同,降温效果和经济效益各不相同。

从降温效果来看,各种方法的降温效果不相同,每个方法如果使用得当,都能使风流温度降低 $1\sim3\ ℃$ 以上。采用非制冷的技术措施降温时,要根据各个降温地点的实际情况选择不同的降温措施。例如,对于一个风量已经达到极限的矿井来说,不能用增加风量的方法来降温。

从降温技术的可行性和技术成熟程度来看,通风降温中增加风量是最常用的方法,对工作面降温来说,降温效果比较直接和明显,既然风流中的温度降低不多,但由于风流速度的增大,人体汗液降温蒸发加快,会感觉更舒适。但是对于自然发火倾向严重的工作面,增加风量时要注意控制采空区的漏风,以免引起矿井内因火灾。

改革通风方式的降温方法比较容易实现,特别是把工作面的"U"形通风改为"W"形通风,降温效果好,但需要多开掘一条煤层巷道,在地质条件好的地段可以考虑采用这种方法。

从经济方面考虑时,要考虑增加新的降温设备以及运行费用,是否增加额外的巷道工程量等方面。而通风降温是最经济的方法,不需要投入新设备,有一定的降温工程费。工人穿制冷服工作不会使风流温度降低多少,会使工人感觉很舒适,对工人来说降温效果好,但成本相对较高,而且工人工作起来会受到一定的限制。

每一种降温方法都有其优缺点和适用条件。下面以工作面常用的降温方法中的增加风量、变"U"形通风为"W"形通风、同向通风、充填法处理采空区、预冷煤层5种降温技术措施做比较,见表5-1。

表 5-1　非人工制冷降温技术方案比较

降温方案	降温效果	经济投入	生产影响	综合评价
增加风量	1~3 ℃	小	小	常用降温方法,但降温效果一般,风量增大到一定程度时降温效果不明显;使用时应注意采空区漏风和自然发火问题;适用于热害小且通风富裕的工作面
"W"形通风	3~5 ℃	中等	小	需要单独掘进一条腰巷,并改变工作面的通风系统,降温效果较好;需要投出巷道的掘进费用和维护费用;适用于顶板稳定,巷道维护费用低的工作面
下行风（同向通风）	1~3 ℃	小	中等	下行风降温方法简单,成本低,适用于倾斜长壁和倾角较小的走向长壁工作面,因风量和工作面产量的不同,降温效果有很大差异;高瓦斯矿井要注意回风流中的瓦斯浓度
充填采空区	5~10 ℃	大	大	工作面降温效果好,有工程费用和充填成本,同时会影响煤炭开采进度。适用于"三下"采煤和采空区氧化热的情况
预冷煤层	1~2 ℃	中等	中等	降温效果受煤层孔隙率和注入水的温度影响,降温的同时可以降尘;需要在顺槽内打注水钻孔;对生产有一定的影响,需要专人打钻注水;适用于采用走向长壁采煤法的工作面

5.2　人工制冷降温技术

当采用非人工制冷降温技术方案,如隔绝热源、加强通风等,不能解决井下热害问题,就需要采取人工制冷降温技术。目前高温矿井中常用的人工制冷降温技术主要包括以下三类:蒸汽压缩式制冷水降温技术、人工制冰降温技术和矿井压气空调系统降温技术。

5.2.1　蒸汽压缩式制冷水降温技术

自20世纪70年代蒸汽压缩式制冷水降温技术出现以来,经过多年的发展,这种降温技术已经非常成熟,应用到各类矿井中。根据制冷设备放置的位置不同,蒸汽压缩式制冷水降温技术可分为井下集中式空调系统、地面集中式空调系统、井上下联合降温系统和井下局部空调系统四种。

(1) 井下集中式空调系统

井下集中式空调系统是指在井下安设制冷机组的降温方式,该系统主要由制冷机组、输水管道和空冷器等组成。工作时,制冷机组产生的低温冷冻水,通过管道集中输送到各个高温地点,冷冻水通过空冷器等末端设备冷却巷道内的风流,从而降低工作场所的温度。

井下集中式空调系统比较简单,只有冷水循环管路而且供冷水的管道短,但是由于在井下放置制冷机组需要开凿大断面的硐室,以及存在降温后冷凝热的排放问题,导致这种布置形式只能在需冷量较小的矿井中应用。

(2) 地面集中式空调系统

矿井地面集中式空调系统是在工业广场内设置制冷站,整个制冷机组均匀布置在地面上,通过隔热供冷管道将制备好的冷水输送到矿井采掘工作面等高温场所,通过空冷器冷却风流,从而达到降温的目的。

与井下集中式空调系统相比,地面集中式空调系统具有冷损失小、水头压力小、易安装、便于运行管理等优点,同时由于在地面制冷,制冷机排热的问题得到了很好解决。但是地面集中式空调系统的供冷距离长,而且要求供水量大,长距离供水会使冷冻水在沿程输送过程中与管道进行换热,输送冷损量大,这些问题在一定程度上制约了该降温方法在深井中的应用。

(3) 井上下联合降温系统

井上下联合降温系统分别在地面和井下同时设置制冷站,该系统综合了井下集中空调系统和地面集中空调系统的优点,在井下冷却风流,产生的冷凝热在地面集中排放,既解决了热害问题,又解决了冷凝热排放问题。井上下联合降温系统实际上为两级制冷,井下制冷机组与风流热交换产生的冷凝热,通过与地面制冷机组进行排放,这就使得系统可以负担更大的冷负荷,产生更多的冷量,得以在深井中使用。

但是由于整个系统等同于两套制冷循环系统同时运行,供水管路复杂而且距离较长,两套设备分别分布于井下和地面,难于管理。同时增加了矿井降温方案的初期投资和系统的运行成本。

(4) 井下局部空调系统

井下局部空调系统是针对热害区域进行局部降温的系统,该系统使用防爆的移动式空调制冷机先冷却水,再通过供水管路供给冷凝器,空气经冷水冷却后由隔热风筒送至工作面。井下局部空调系统的优点是占用空间小,使用方便,具有可移动性,缺点是制冷量小,多用于掘进工作面的热害治理工作。

蒸汽压缩式循环制冷降温技术具有多种形式,不同的降温技术组合满足不同矿井热害治理的需要,在实际生产中应根据具体情况来选择最合适的降温组合方式。蒸汽压缩式循环制冷降温技术虽然其各种系统组成都有不同的缺陷和不足,但由于制冷效果较好,在国内外被广泛采用。

5.2.2 人工制冰降温技术

近年来一种新型制冷技术在国内逐渐发展起来——矿井人工制冰降温技术。该技术是通过地面的制冰机生产出颗粒状冰(或泥状冰),由垂直输冰管道,依靠自身重力输送到井底硐室的融冰装置中。在融冰装置内,粒状的冰与融冰回水混合后进行充分的热交换,可以产生接近0℃的冷冻水,冷冻水由专用管路送到采掘工作面等热害地点,经空冷器与风流换热后,达到治理热害的目的。人工制冰降温技术主要包括以下工艺流程。

(1) 冰的制备

目前冰的制备方法有很多,地面制冰机可以生产出各种形状和粒度的冰。制冰大体上可以分为动态制冰和静态制冰两大类,动态制冰是指生成的冰浆处于运动状态,静态制冰是指结冰过程处于相对静止状态,即在冷却管外或者容器内结冰。动态制冰适用于矿井降温工作需冰量较大的情况。

(2) 冰的输送

冰的输送一般以空气作为输送动力,将制备好的冰由地面输送设备送至井口,再进入垂直输冰管道,冰体依靠其自身重力到达井底硐室的融冰装置中,如图5-1所示。冰的水平输送一般采用空气作为动力,工程实践表明:采用空气作为动力进行管道连续输送冰时不产生高压,因而井下管道可以采用抗压性较差的塑料管道,而且管道内壁不结冰,不会造成管道堵塞,此外,也可以避免因冰中含有杂质对金属管道产生的腐蚀。

(3) 冰的融解

冰的融解过程如图5-2所示,为了保证进入融冰室水流的均匀稳定,需要在融冰室的上方设置一个装置(布水器),布水器通常是由多孔板或管道做成的。水通过布水器进入融冰室,融冰室的主体是层叠冰床,由输冰管道来的冰进入圆形断面的融冰床,与回水管内的回水混合后达到融冰过程。融解后的水进入融冰系统底部的冷水池,冷水由管路送往井下采掘工作面进行降温。降温后的回水即可作为循环水重新进入融冰室中,也可以作为井下辅助用水,多余的水可以通过水仓排到地面继续制冰。

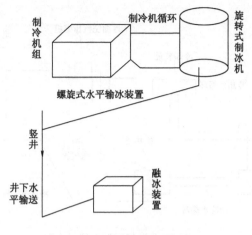

图 5-1　输冰系统示意图

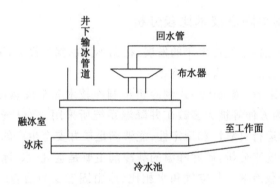

图 5-2　融冰系统示意图

5.2.3　矿井压气空调系统

矿井压气空调系统是一种新型的矿井空调系统,其基本原理是利用压气(压缩空气,简称压气)作为供冷媒质,将低温压缩空气直接向采掘工作面喷射,空气由于膨胀吸热达到制冷目的。矿井压气空调系统组成如图 5-3 所示,主要包括制冷机组、空压机、输气管、换热器和送风器。系统的工作过程如下:地表空气经地面空压机压缩后由制冷机组冷却,通过冷气输送管道到达降温地点,高压冷气由送风器射出经过膨胀、掺混、扩散等作用吸收风流中的热量,达到对高温地点降温的目的。

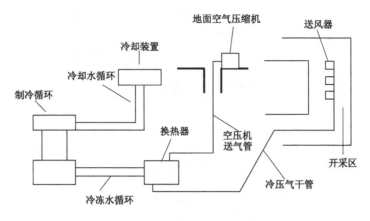

图 5-3　矿井压气空调系统示意图

5.2.4　人工制冷降温技术比较分析

人工制冷降温技术经过多年的发展,根据不同的制冷设备,采用不同的载冷剂和不同的布局方式而具有各自特点。

从制冷设备来看,蒸汽压缩式制冷机组制冷技术非常成熟,应用非常广泛,因保养、维修较为方便等被大多数矿井降温系统所采用。而且蒸汽压缩式制冷机组具有较高的运行可靠性和稳定性,能够满足矿井安全生产的需求。

从载冷剂角度来分析,矿井降温的载冷剂主要是空气、水、冰,其中冰最适合作为矿井降温的载冷剂。与空气和水相比,冰由固态变为液态时会吸收大量的热,用冰作为载冷剂主要利用冰的相变潜热降温。如果采用水来得到同样的冷量,用水量则是用冰量的 4~5 倍。采用冰作为载冷剂,在输送时可以消除静水压力对管道的影响,对输送管道的要求低,可节约降温成本,而其他两种介质不具备冰的优点。

从设备布局方式来说,为了解决降温后冷凝热排放困难的问题,大多数的降温技术都将制冷设备设置在地表。这样布置虽然解决了冷凝热排放的问题,但是会导致输冷管线长度增加,以及输送过程中的冷量损失增加,当载冷剂为水时,还会带来输送管路高静压问题。

人工制冷降温技术方案比较见表 5-2。各种降温技术适用于不同条件的热害矿井。

表 5-2　矿井制冷降温方案比较

降温方案		载冷剂	降温效果	设备地点	综合评价
蒸汽压缩制冷水降温技术	井下集中式	水	一般	井下	系统简单,设备要求防爆,冷凝热排放困难,基础施工困难,适用于需冷量较小的矿井
	地面集中式	水	好	地面	管路长,冷损大,高压管路易腐蚀,需要高低压换热器,适用于开采较浅的矿井
	联合式	水	好	地面,井下	解决冷凝热排放问题,两级制冷,管路长,适用于需冷量较大的矿井
	井下局部	水	一般	井下	可移动,灵活方便,制冷量小,适用于井下局部制冷
人工制冰降温技术		冰	好	地面	无高低压和冷热排放问题,管道相对小,热效率高,冷损小,适用于开采深、需冷量大的矿井
矿井压气空调系统		空气	较好	地面	系统简单,通风效果好,制冷量低,但运行能耗大,适用于采深浅,需冷量小、煤尘浓度较高的矿井

5.3　基于数值仿真的矿井降温方案优化

一般矿井发生热害时,首先考虑采用非人工制冷方法降温,虽然节省降温费用,但是降温幅度有限。而人工制冷降温技术降温效果明显,但是费用相当高,所以矿井降温的首选方案是非人工制冷技术,当矿井热害问题比较严重时,就要考虑人工制冷技术进行热害治理。

在进行具体的降温技术方案选择时,会有多个适合要求的可行性降温方案,需要对这些可行性方案进行优化决策。对矿井降温技术应从技术上可行、经济上合理以及安全可靠性高三个方面进行选择,其中最重要的一个因素就是所选择降温方案的实际运行效果,即降温系统使巷道内风流降低的温度值,降温后的风流温度直接影响降温技术的选择和降温系统的设计。

本节通过例子提出降温方案的优选方法,即对存在热害的环境提出几种初步降温方案,通过采用数值仿真方法对初选方案的降温效果进行预测,确定可行性降温方案,再计算各个方案的降温费用,费用最少的为最优方案。

5.3.1 提出初步降温技术方案

以某工作面进风平巷（运输顺槽）为例进行分析，该工作面运输顺槽里面的主要热源有巷道围岩放热和运输中的煤炭放热，在巷道末端风流的温度达到了 31 ℃，根据《煤矿安全规程》要求，必须采取降温措施。

选取运输顺槽中的一段长度为 40 m 的巷道为研究对象，巷道宽度为 4 m。巷道内风流流向为从左到右，风流速度为 2 m/s，风流初始温度为 295 K，巷道壁放热量为 0.000 1 W/m²，胶带上运输的煤炭放热强度为 0.000 5 W/m²。

现拟对该段巷道采取技术上可行的降温措施，初步选定三个降温方案如下：

（1）增加巷道内的风量：根据增加风量可以降温的方法，通过调节通风系统，将巷道内的入风量由 2 m/s 增加到 4 m/s，其他条件不变。

（2）采用局部制冷设备降温：在巷道入风侧采用局部制冷降温技术冷却风流，换热器使风流温度降低为 290 K，其他条件不变。

（3）引入低温风流：从巷道入风处新开一条巷道与其相连，引入温度为 290 K 的风流，风速为 1 m/s，巷道内的风速变为 3 m/s，巷道内其他条件不变。

5.3.2 可行性方案确定

对巷道的初始状态和三种降温方案采用数值仿真的方法，对其降温效果进行预测，仿真结果如下。

（1）未采取降温措施时的仿真分析

图 5-4 是未采取降温技术时的巷道内风流温度场分布状态。图 5-5 是沿巷道轴线方向上风流温度变化曲线图。由初始条件可知：巷道内的热源为巷道两帮围岩放热和胶带运输煤炭放热。经过仿真分析可知：巷道内风流温度逐渐升高，巷道始端入风风流温度为 295 K，巷道末端处的风流温度为 300.7 K，温度升高了 5.7 K。根据温度等值线的疏密情况和图 5-5 曲线斜率的变化，风流温度升高的速度逐渐降低，这是因为随着风流温度的升高，风流与热源的温差越来越小，引起二者换热量逐渐降低，温升幅度随之减小。

图 5-6 是巷道内风流速度场方向等位图，图中箭头的方向代表了风流的流动方向，箭头的长短代表了风速的大小，风流等位图在胶带前后发生了变化，经过胶带后，等位图变得更"凸"了，而且在胶带两侧风速差别很大。经分析，是由于胶带输煤在巷道内占据了一定的空间，使巷道内通风断面变小了，而巷道内的通风量不变，因此风速发生变化。胶带两侧风速变化大的原因是风流因具有黏滞性而产生的摩擦阻力，使风速出现差别。

（2）降温方案一仿真结果分析

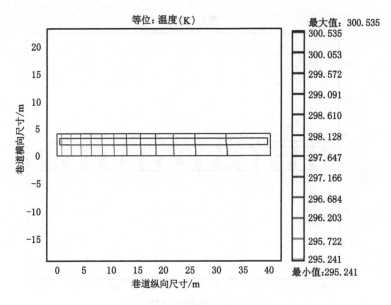

图 5-4 风流温度等位图

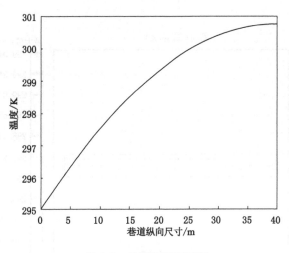

图 5-5 风流温度剖面图

图 5-7 和图 5-8 是采取增加风量的降温技术后温度场等位图和巷道沿程温升曲线,温度场分布特点和未采取降温措施时的基本一致。风量增加后,巷道末端风流的温度值为 300.2 K,相比有所降低,但降低幅度不大。

（3）降温方案二仿真结果分析

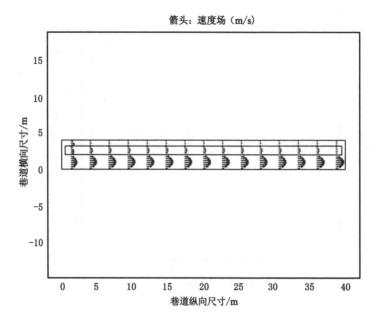

图 5-6 风流速度场方向图

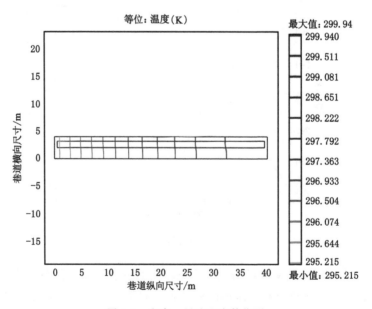

图 5-7 方案一风流温度等位图

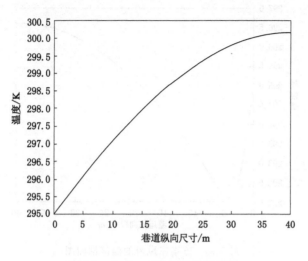

图 5-8 方案一风流的温度剖面图

由图 5-9 和图 5-10 所示温度场等位图和巷道沿程温升曲线可知:在其他条件不变的情况下,采用人工制冷降温方法可以使巷道末端温度降幅较大,由图 5-10 可知巷道末端处的风流温度值为 296.6 K,降温效果优于方案一。

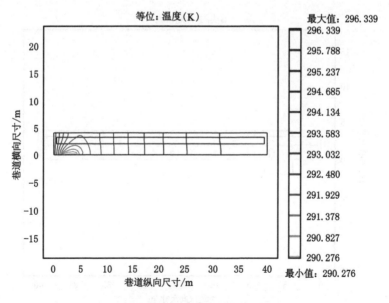

图 5-9 方案二风流温度等位图

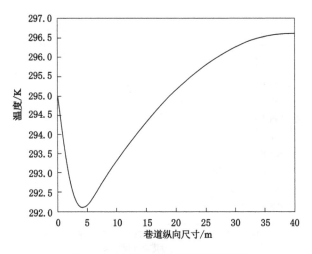

图 5-10　方案二风流的温度剖面图

（4）降温方案三仿真结果分析

方案三是在巷道的一侧新掘一条尺寸相同巷道，混入温度为 290 K 的新鲜风流，同时增加巷道的风量，使巷道风速变为 3 m/s，仿真结果如图 5-11 至图 5-13 所示。

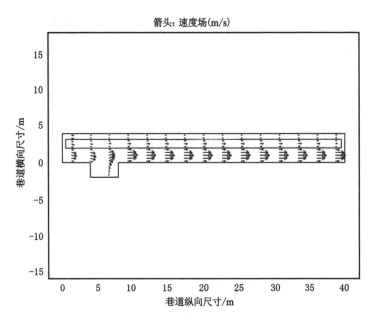

图 5-11　方案三风流速度场方向图

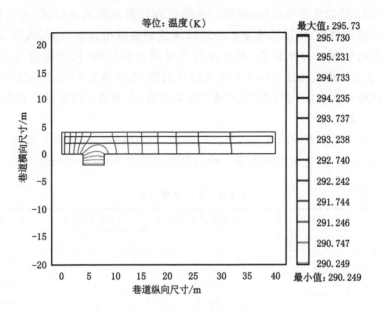

图 5-12　方案三风流温度等位图

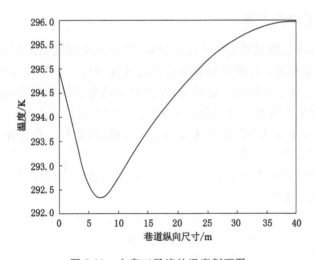

图 5-13　方案三风流的温度剖面图

图 5-11 是风流等位和方向图,左侧的两个巷道是风流入口,右侧是风流出口,在巷道交汇处,新增风流流动方向改变。根据图中箭头的大小,可知由于增加了新鲜风流,巷道内的风量增加,风流速度加快,在胶带两侧的风流速度都有所增大,但是距离巷帮近的一侧增加幅度很小。

图 5-12 是温度场等位图,温度的最低点在新鲜风流的入口处,由于新掘巷道也向风流中放热,所以风流交汇前新鲜风流的温度也逐渐升高,风流交汇后,与巷道内的热源进行换热后,其温度分布呈现出规律性,风流温度逐渐升高。图 5-13 是沿巷道长轴线方向上的风流温升曲线,在风流交汇前,风流温度降低,在交汇点处温度最低,交汇后风流温度逐渐升高,在巷道末端处风流温度达到最高值 296.0 K。

表 5-3 是几种方案的降温效果比较表。经过比较可知:方案三最优,方案二较优,方案一较差,方案二和方案三能满足降温效果要求,为可行性方案。

表 5-3　降温效果对比

方案	风速/(m/s)	巷道末端处最高温度/K	降低温度值/K	方案排序
无	2	300.7	0	
方案一	4	300.2	0.5	较差
方案二	2	296.6	4.1	较优
方案三	3	296.0	4.7	最优

5.3.3　确定最终方案

对于能够满足降温要求的可行性方案,确定方案时就要采用经济费用最低的方案,所以需要对可行性降温方案进行经济性评价。矿井降温工程的目的是消除热害,保证井下良好的作业环境,保护矿工的身体健康和劳动安全。因此,矿井降温技术的经济性不能从降温工程投资的回收期长短或者工程项目的盈利性角度分析,而应该从如何降低降温成本来考虑,因此对于可行性方案的优化,采用费用类经济评价方法。

费用类经济评价方法就是以追求最少费用为目标,则在各个方案中计算费用最少的为最优方案。

将各方案从基建开始到生产结束为止的整个过程中所发生的全部费用累加起来进行比较,总费用最低的方案为最优方案。

该评价方法可以按下面公式计算:

$$K = K_j + n K_y - K_s \tag{5-1}$$

式中　K——降温总费用,万元;

$\quad\quad K_j$——降温投资基建费用,万元;

$\quad\quad K_y$——降温年运行费用,万元;

$\quad\quad K_s$——降温后剩余设备资产,万元;

n——降温时间,年。

降温投资基建费用 K_j 主要包括购置的设备费用和施工费;K_y 主要包括降温过程中设备运行维护费用、电费和工人工资;K_s 可根据降温设备按年限折旧费计算,如果降温技术方案中不涉及降温设备,则 $K_s=0$。

方案二为局部制冷降温方案,投资基建费包括购置设备和管路费、硐室施工费、设备安装费等,运行费用包括设备运行维护、电费、工人工资,降温结束后,制冷机组可以继续使用,存在剩余资产。

方案三为通风方案,投资基建费包括巷道掘进费和增加风量所需的配风费用,运行费用只有巷道维护费,其他费用很少或可以忽略,由于该方案没有设备投入,所以无剩余资产费用。

经过分析对比可知方案三优于方案二,即引入低温风流降温技术方案优于局部制冷降温技术方案。

在实际生产中,根据具体降温技术方案中的具体费用,按式(5-1)计算后,可以得出各方案的降温费用,选择费用最低的方案为最优方案,降温方案优化的流程如图 5-14 所示。

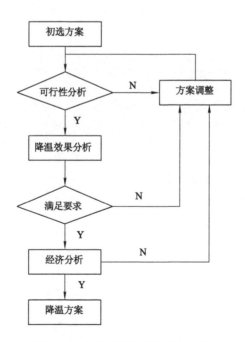

图 5-14　降温技术方案优化流程图

5.4 本章小结

本章主要结论如下：

（1）分析了现有的两大类降温技术方案的特点、影响因素和适用条件。在矿井发生热害时，由于非人工制冷降温技术方案具有相对成本低和便于实施等特点而优先考虑采用，当矿井的热害问题比较严重时，就需要采用人工制冷降温技术。

（2）对矿井降温技术的优选方法进行研究，提出了采用数值仿真的方法对矿井降温方案进行优选。通过对矿井热害治理多个方案进行降温效果预测，确定技术上可行的降温方案，并采用最小费用法，根据降温技术的费用来确定最优方案。

6 东海矿回采工作面降温技术方案优化

6.1 工程概况

6.1.1 矿井介绍

（1）地理位置与气候

东海矿位于黑龙江鸡东境内，坐落于哈达乡与东海乡之间，其地理坐标为东经 131°10′，北纬 45°21′。矿区地形呈丘陵，矿区西部地势稍高，往东地势渐平，最高标高＋254 m，最低标高＋181 m，最大高差为 73 m，开采深度由＋180 m 至－900 m，井田走向 11 km，南北宽约 3 km，矿区面积为 34.34 km²。矿区煤层倾斜方向与地形倾向一致，井田范围西部以 F181 和 F2 断层为界，与杏花立井相邻，东部以 F38 断层为界，北起基盘，南部以 54-2 煤层－700 m 标高和 21# 层－500 m 标高为界。

东海矿井口地势较高，无洪水影响，区内有 5 条河流，哈达河最大。河流位于井田西部边缘，由北向南流入穆棱河，河深为 0.8～1.5 m，流量为 4 517～9 822 m³/h，其余 4 条小河均为季节性河流。

本区地处寒温带湿润区，属于大陆性季风气候，春冬季节多风，严寒季节长。最高气温＋36 ℃，最低气温－35 ℃，平均气温＋3.5 ℃。每年 10 月中旬开始结冰，翌年 4 月解冻，冻结期为半年，冻结深度为 1.5～2.2 m。雨量中等，集中在 7 月至 8 月降落，年最大降雨量为 665.6 mm，最少降雨量为 343.17 mm，平均降雨量为 530.6 mm。主要风向为偏西北，风力一般为 2～4 级，最大风速为 28.7 m/s。

（2）井田地质及储量

东海煤矿属于鸡西盆地，鸡西盆地分为南北两个条带，呈现近似东西方向的分布，区内构造复杂，构造以断层为主，断层性质以高角度断层为主，主断层主向以北偏东为主，北偏西次之，区内主要断层 57 条，正断层 49 条，逆断层 4 条，矿区煤层为向南倾斜单斜构造，煤层走向近似东西方向，含煤地层属于上侏罗统，鸡西群城子河组，全区可采煤层和局部可采煤层共 17 层，自上向下分别为：21、

22 上、22 中、22、23 下、24、25、32、33、34 上、34、35、36、37、48、54-2 等,平均煤层总厚度为 16 m,其中主采煤层有 21、23、32、35、48、54-2。全区发育,多为中厚煤层,其余各层均为薄煤层且局部发育。

矿区煤种为 1/3 焦煤,有局部为焦煤,净煤平均挥发份为 20.07%～35.74%,胶质层厚平均为 100 mm,原煤平均灰分为 18.69%～36.19%,21 层低灰分,23、25、32、54-2 煤层为高灰分,其余各层为中灰分煤层。截至 2003 年尚有工业储量 1.3 亿 t,可采储量 5 200 万 t。

（3）瓦斯、煤尘和煤的自燃

东海矿为高瓦斯矿井,瓦斯绝对涌出量为 56.99 m³/min,瓦斯相对涌出量为 21.43 m³/t;无煤与瓦斯突出危险,二氧化碳绝对涌出量为 0.63 m³/min,相对涌出量为 1.67 m³/t。2003 年建成瓦斯抽采系统,2006 年经煤炭科学研究总院抚顺分院对该矿各煤层的自燃倾向性进行鉴定,鉴定结果是自燃发火等级为二类（自燃）,煤尘爆炸指数为 29.66～39.99,鉴定结论为有煤尘爆炸危险煤层。但东海矿从开采至今生产矿井各煤层均无自然发火史。

（4）采掘工作面布局

东海矿开拓方式为斜井多水平分区开拓,目前有两个开采水平,水平标高分别为 -93 m 和 -450 m。东海矿主要生产采区有 4 个,即三采区 23# 层、五采区 32# 层、五采区 35# 层、六采区 32# 层和底部层采区,其中有 3 个生产采区,两个准备采区。五采区有 1 个高档采煤队、4 个炮掘队、1 个综掘队,开采 32#、35# 煤层,底部还有 37# 煤层准备开采。三采区有 2 个炮掘队,1 个综掘队,1 个高档采煤队,开采 23# 层煤;六采区有 1 个高档采煤队、5 个炮掘队、1 个综掘队,开采 32#、34# 上煤层,底部仍有 34#、35#、37# 煤层将逐步开采。

6.1.2　矿井通风与地温

（1）矿井通风系统

东海矿采用中央边界式通风方式,抽出式通风方法,矿井通风网络最长为 12 000 m,矿井中各个采区均为并联通风。

矿井有回风井 2 个,分别为二采区回风斜井和主回风立井,并配备 2 个主扇,型号为:BDK-6-17 和 BDK-10-36,同型号备用主扇 2 台。其中二采区通过回风斜井回风,其他采区通过主回风立井回风。图 6-1 为东海矿五采区通风系统示意图。

目前,矿井总进风量:12 512 m³/min;矿井总排风量:13 073 m³/min。二采区总入风量为 2 326 m³/min,二采区总排风量为 2 415 m³/min,二采区主扇负压为 80 mmH₂O(1 mmH₂O＝10 Pa)。立风井总入风量为 10 186 m³/min,立风

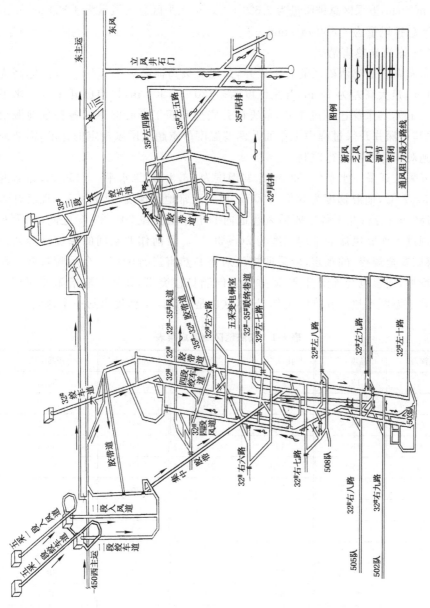

图6-1 东海矿五采区通风系统示意图

井总排风量为 10 658 m³/min,立风井主扇负压为 390 mmH₂O,其中,三采区总入风量为 1 255 m³/min,三采区总排风量为 1 360 m³/min;五采区总入风量为 2 584 m³/min,五采区总排风量为 2 630 m³/min;六采区总入风量为 4 820 m³/min,六采区总排风量为 4 890 m³/min。

(2)东海矿热害情况

东海煤矿是鸡西矿区的骨干矿井,其地表最高标高为+254 m,最低标高为+181 m,最大高差为 73 m,开采深度为+180~-900 m,目前已开采至三水平(-780 m),其采深已超过千米,危害矿井安全和职工身心健康的各种危险源增加,尤其是深井开采过程中工作面及两巷温度严重超过国家规定的标准,需要采取措施对矿井热害进行控制。

五采区开采一水平(-93 m)原岩温度为 23.3 ℃,二水平(-450 m)原岩温度为 30.2 ℃,地温梯度为 3 ℃/100 m,属于正常地温梯度,见表6-1。现已开采至-780 m 标高,井下各主要通风巷道内的干球温度在 20~22 ℃之间,回采巷道和掘进工作面风流的平均温度为 26~30 ℃。目前作业空间的温度已经超过了《煤矿安全规程》的规定,应采取措施对矿井热害进行治理。今后随着开采深度的增加,地温也会逐渐升高,矿井热害问题日益突出,如何采取措施使深部开采时井下温度不超过允许的工作温度,这也是给通风工作提出的一个课题。

表 6-1　东海地区测温成果表

孔深/m	温度/℃	孔深/m	温度/℃	孔深/m	温度/℃
0	18.5	400	24.6	780	34.2
20	18.5	420	24.9	800	34.8
40	18.5	440	25.3	820	35.5
60	18.9	460	26.0	840	35.9
80	19.0	480	26.4	860	36.3
100	19.2	500	26.7	880	36.6
120	19.5	520	27.5	900	37.4
140	19.9	540	28.0	920	37.8
160	20.4	560	28.4	940	38.2
180	20.7	580	29.1	960	38.8
200	20.8	600	29.6	980	39.1
220	21.0	620	30.2	1 000	39.5
240	21.3	640	30.7	1 020	40.0

表 6-1(续)

孔深/m	温度/℃	孔深/m	温度/℃	孔深/m	温度/℃
260	21.5	660	31.0	1 040	40.4
280	22.2	680	31.6	1 060	41.0
300	22.8	700	32.2	1 080	41.6
320	23.0	720	32.8	1 100	42.5
340	23.3	740	33.4	1 120	43.2
360	23.5	760	34.0	1 140	44.0
380	24.1				

注:孔号 91-1,1992 年 7 月 5 日。

6.2　五采区回采工作面热源分析

6.2.1　工作面热环境测试

（1）原岩温度的测定

五采区原岩温度测点选在－780 m 水平标高的掘进工作面,该点的地表标高为＋225 m,井下标高与目前正在生产的五采区左十工作面水平标高相同,具体位置是左十副巷回路的岩巷掘进工作面,由 503 掘进队负责生产。

测试钻孔设置在靠近巷道掘进面两帮,用凿岩设备在巷帮内的岩层中钻出 2.2 m 深的钻孔,用接触式矿井温度计进行测试。具体做法是将矿井温度计送入孔底,封孔,30 min 后进行快速读数,经过多次测量,取其平均值作为该地点的原岩温度,测量数据见表 6-2。

表 6-2　岩石原岩温度测试数据表

孔号	时刻	孔深/m	测试温度/℃	备注
1	4 月 7 日 13 时	2.2	36.6	浅孔测温
2	4 月 7 日 13 时	2.2	36.2	浅孔测温
3	4 月 9 日 13 时	2.2	36.3	浅孔测温
4	4 月 9 日 13 时	2.2	36.6	浅孔测温
5	4 月 18 日安设,次日读数	6.0	36.1	深孔测温
平均温度/℃			36.44	

（2）回采工作面沿程风流热力学参数测定

回采工作面沿程风流热力学参数的测定选取东海矿五采区左十回采工作面，沿工作面的风流方向布置各个测点，在较大的发热设备前后各布置 1 个测点，测点布置图如图 6-2 所示。测试的主要内容包括风流干、湿温度，各测点的大气压力，巷道的断面尺寸和风流的风量。其中测干湿温度用的仪器是机械通风干湿表（DHM2 型），用钢卷尺测出巷道的尺寸，算出巷道面积，用风表测各点的风速，从而计算出该断面的风量，用精密气压计测各点的大气压值，测试数据见表 6-3 至表 6-8。为了比较矿井进风风流温度随季节的变化，在夏季（8 月份）对五采区的其他回采工作面进行了风流热力学参数的测试，测试数据见表 6-9和表 6-10。

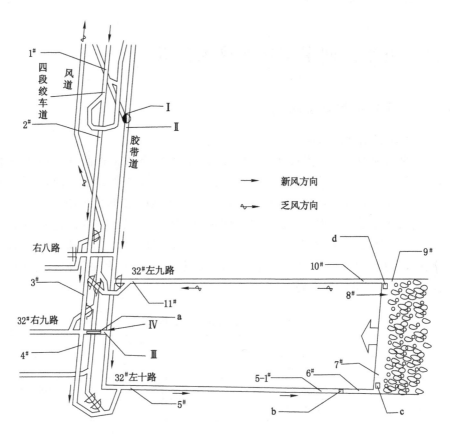

a—泵站和变电所；b—转载机；c—运输机尾；d—运输机头。

图 6-2　风温测点布置图

表 6-3　风流测试数据表（1）

序号	测点	大气压/hPa	干温度/℃	湿温度/℃	相对湿度/%	风量/(m³/min)	时刻	备注
1	地面		10.6	8.4	73		8:42	
2	井口		10.8	9.2	78		8:37	
3	−450 m		17.8	16.5	86		7:53	运输胶带底
4	−625 m		17.6	15.3	78		6:04	35#绞车道三段
5	1#		18.2	15.4	74		5:27	
6	2#		18.5	15.3	74		5:07	
7	3#		19.7	17.2	75		4:44	
8	4#		20.2	18.0	79		4:38	
9	5#		23.8	22.0	84		4:33	
10	5-1#		24.2	22.9	88		4:25	
11	6#		25.2	23.6	88		4:20	
12	7#		26.2	24.3	85		4:16	溜子停
13	8#		31.7	30.4	90		4:05	
14	9#		34.7	34.4	97		4:00	
15	10#		32.9	31.6	93		3:54	
16	11#		32.0	31.7	97		3:45	
17	Ⅰ		18.8	16.0	74		5:15	胶带头前
18	Ⅱ		20.2	17.2	75		5:19	胶带头后
19	Ⅲ		24.7	21.0	70		4:52	移动泵站后
20	Ⅳ		25.6	24.3	89		4:58	胶带道口

注：时间：4 月 16 日；班次：生产班；天气：晴。

表 6-4　风流测试数据表（2）

序号	测点	大气压/hPa	干温度/℃	湿温度/℃	相对湿度/%	风量/(m³/min)	时刻	备注
1	地面		1.2	0.5	83		0:10	
2	井口		8.2	7.1	82		0:17	
3	−450 m		8.0	7.3	88		0:50	运输胶带底
4	−625 m		17.6	15.5	82		1:48	35#绞车道三段
5	1#		18.3	16.0	78		2:15	

表 6-4(续)

序号	测点	大气压/hPa	干温度/℃	湿温度/℃	相对湿度/%	风量/(m³/min)	时刻	备注
6	2#		18.4	16.2	78		2:25	
7	3#		19.7	17.0	74		2:35	
8	4#		20.4	18.6	83		2:42	
9	5#		23.6	21.7	84		2:50	
10	5-1#		24.2	23.2	92		3:01	
11	6#		25.0	23.6	88		3:06	
12	7#		26.9	25.5	89		3:10	
13	8#		31.5	30.2	90		3:20	
14	9#		34.7	34.4	97		3:24	
15	10#		32.8	31.6	90		3:30	
16	11#		32.0	31.8	97		3:41	

注:时间:4 月 17 日;班次:生产班;天气:晴。

表 6-5　风流测试数据表(3)

序号	测点	大气压/hPa	干温度/℃	湿温度/℃	相对湿度/%	风量/(m³/min)	时刻	备注
1	地面		7.5	4.3	57		7:38	
2	井口		10.8	9.2	78		7:43	
3	−450 m		18.1	17.0	86		8:32	运输胶带底
4	−625 m		17.6	16.0	86		8:54	35#绞车道 三段
5	1#		18.4	16.2	78	1750	9:15	
6	2#		17.9	16.0	74	1039	9:25	
7	3#		19.2	17.5	83	780	9:35	
8	4#		20.3	18.0	79	876	9:40	
9	5#		23.4	22.0	88	926	9:52	
10	5-1#		23.6	22.4	88		10:02	
11	6#		23.6	22.5	88	923	10:06	
12	7#		24.5	23.0	88	784	10:10	
13	8#		29.0	26.9	86	762	10:22	
14	9#		34.3	33.9	97		10:26	
15	10#		30.8	29.2	90	896	10:30	
16	11#		29.8	29.4	90	890	10:42	

注:时间:4 月 18 日;班次:检修班;天气:晴。

表 6-6 风流测试数据表(4)

序号	测点	大气压/hPa	干温度/℃	湿温度/℃	相对湿度/%	风量/(m³/min)	时刻	备注
1	地面		12.2	7.4	49		10:16	
2	井口		11.2	9.8	88			
3	−450 m		18.3	17.2	86		11:20	运输胶带底
4	−625 m		17.4	15.7	82		12:15	35#绞车道三段
5	1#		18.4	15.6	78		12:40	
6	2#		18.6	16.4	78		12:52	
7	3#		19.6	17.3	79		13:03	
8	4#		20.6	18.2	79		13:11	
9	5#		23.3	21.4	84		13:23	
10	5-1#		23.6	22.3	88		13:40	
11	6#		23.7	22.2	88		13:46	
12	7#		24.7	23.2	88		13:53	
13	8#		28.9	27.1	86		14:15	
14	9#		34.2	33.9	97		14:20	
15	10#		30.7	29.2	93		14:25	
16	11#		29.8	29.3	96		14:43	

注:时间:4月19日;班次:检修班;天气:晴。

表 6-7 风流测试数据表(5)

序号	测点	大气压/hPa	干温度/℃	湿温度/℃	相对湿度/%	风量/(m³/min)	时刻	备注
1	地面	966.6	5.6	5.2	93		15:30	
2	井口	968.3	9.7	8.2	82		15:35	
3	−450 m	1 047.1	18.5	17.0	86		16:12	运输胶带底
4	−625 m	1 067.5	17.6	15.8	82		17:02	35#绞车道三段
5	1#	1 069.5	18.3	16.0	78		17:21	
6	2#	1 070.1	18.0	15.5	78		17:28	
7	3#	1 076.5	19.2	17.1	79		17:35	
8	4#	1 078.2	19.8	18.0	87		17:39	
9	5#	1 080.0	23.6	21.7	84		17:45	

表 6-7(续)

序号	测点	大气压/hPa	干温度/℃	湿温度/℃	相对湿度/%	风量/(m³/min)	时刻	备注
10	5-1#	1 077.8	24.2	23.0	88		17:55	
11	6#	1 077.8	25.0	23.6	88		17:59	
12	7#	1 077.1	26.8	25.2	85		18:04	
13	8#	1 073.3	30.0	29.4	96		18:17	
14	9#	1 073.0	33.2	32.8	97		18:21	
15	10#	1 073.1	31.6	30.5	93		18:26	
16	11#	1 073.5	30.3	29.6	93		18:39	

注:时间:4 月 20 日;班次:生产班;天气:阴有小雨。

表 6-8 风流测试数据表(6)

序号	测点	大气压/hPa	干温度/℃	湿温度/℃	相对湿度/%	风量/(m³/min)	时刻	备注
1	地面		4.5	3.9	86		21:57	
2	井口		9.2	8.0	82		21:51	
3	−450 m		18.3	17.1	86		21:07	运输胶带底
4	−625 m		17.6	15.8	82		20:18	35# 绞车道 三段
5	1#		18.2	15.9	78		20:01	
6	2#		18.2	16.1	78		19:54	
7	3#		19.5	17.5	87		19:48	
8	4#		20.2	18.4	83		19:42	
9	5#		23.6	21.9	84		19:33	
10	5-1#		24.3	23.0	88		19:24	胶带停
11	6#		24.8	23.0	84		19:20	转载机停
12	7#		26.0	24.4	85		19:15	溜子停
13	8#		30.0	29.2	93		19:01	
14	9#		33.3	32.8	97		18:56	
15	10#		31.6	30.5	93		18:52	
16	11#		30.4	29.6	93		18:44	

注:时间:4 月 21 日;班次:生产班;天气:小雨。

表 6-9　风流测试数据表 (7)

序号	测点	大气压/hPa	干温度/℃	湿温度/℃	相对湿度/%	风量/(m³/min)	时刻	备注
1	地面	973.9	24.4	20.3	64		14:55	
2	−450 m	1 050.0	22.2	20.4	82		15:45	运输胶带底
3	1#	1 072.5	23.7	22.2	87	1 528	17:06	
4	2#	1 074.0	23.9	22.3	87	1 165	17:15	
5	3#	1 077.5	24.4	23.0	87	867	17:33	
6	4#	1 079.0	25.5	23.6	84	827	17:40	
7	5#	1 077.2	28.8	27.4	88	852	17:58	
8	5−1#	1 077.2	29.1	27.7	89	852	18.04	
9	6#	1 077.0	30.3	29.0	89		18.09	
10	7#	1 076.5	31.2	30.3	93		18:17	
11	8#	1 075.9	32.4	31.7	93		18:28	
12	9#	1 075.7	33.2	32.6	96		18:35	
13	10#	1 075.6	30.8	29.2	89		18:45	

注:时间:8 月 3 日;班次:生产班;天气:阴。

表 6-10　风流测试数据表 (8)

序号	测点	大气压/hPa	干温度/℃	湿温度/℃	相对湿度/%	风量/(m³/min)	时刻	备注
1	地面		26.2	21.1	62		9:12	
2	−450 m		24.2	22.4	83		10:06	
3	1#		25.2	23.5	84		10:51	
4	2#		24.8	23.2	83		11:20	
5	3#		25.2	23.5	84		12:45	
6	4#		26.0	24.2	84		13:10	
7	5#		28.4	26.6	85		13:24	
8	5−1#		28.4	26.7	85		13:55	
9	6#		29.3	27.1	85		14:00	
10	7#		31.6	30.2	89		14:07	
11	8#		32.6	31.8	93		14:46	
12	9#		33.8	33.5	96		14:52	
13	10#		33.2	33.0	96		15:05	

注:时间:8 月 6 日;班次:检修班;天气:晴。

6.2.2　工作面热源分析

（1）矿井热害等级的划分

由矿井钻孔测温成果表中数据可知：东海矿地温梯度为 2～4 ℃/100 m，属地温正常区域。通过东海矿五采区原岩温度的测试，其平均岩温已经达到了 36.44 ℃，很接近二级热害区的界限（37 ℃），因此必须采取相应的降温措施，以保证矿井安全生产。

（2）地表温度和天气的影响

由两次测试（4 月份和 8 月份）得到的数据可以看出：季节的变化对井下风流温度影响较大，地表温度由春季的 3～5 ℃增加到夏季的 26 ℃，井下温度变化也很大，工作面入口处的温度在生产班时增加了 3.9 ℃，检修班时增加了 4.7 ℃。天气的变化对工作面入风风流温度也有影响，尤其在夏季更为明显，一般来说，阴雨天气会使工作面入风风流温度有所降低。而在一天中，下午 2～3 点时地表气温最高，相对应井下气温也有所升高，但由于工作面生产时间较短，工作面最高气温往往是产煤量最多的 20 点左右。

（3）工作面通风系统分析

由测点布置示意图可以看出：进入左十工作面的风来自四段绞车道，在 1# 测点和 2# 测点之间，少部分风经煤仓进入胶带道，在 2# 测点和 3# 测点之间，部分风也通过绞车道和胶带道之间的联络巷道进入胶带道，同时也有局部风扇为 32# 右八路（505 掘进队）掘进工作面供风。在 3# 测点和 4# 测点之间的联络巷道内设有两台干式变压器和液压泵站，并且在这 2 个测点之间，四段绞车道还与 32# 右九路相连，通过局部风扇为 32# 右九路（502 掘进队）掘进工作面供风。这几个联络巷道处的风流均由四段绞车道流向胶带道，最终汇集到 32# 左十路的运输平巷中，风流经冲刷工作面后再经回风平巷通过总回风巷道排到地面。

由各测点沿程的风量测试数据可以看出：四段绞车道的风量较大（1# 点），进入运输平巷时降低了约 40%。在工作面下隅角前后（6# 测点和 7# 测点）风量变化很大，说明有很大一部分风进入了采空区，致使工作面的有效风量较低。

（4）工作面沿程风流温度状态分析

由 1# 测点的测试数据可以看出：风流经井筒、井底车场、大巷后到达四段绞车道时，干温度已经达到 18.3 ℃，生产班和检修班沿程各测点风流温度及变化值见表 6-11，风流干湿温度变化见表 6-12，相对应的风流曲线见图 6-3 和图 6-4。

表 6-11 生产班和检修班各测点平均温度增加值

测点号	最高温度/℃		平均温度/℃		增加值/℃	
	生产班	检修班	生产班	检修班	生产班	检修班
1#	18.4	18.3	18.4	18.1	0	0
2#	18.6	18.6	18.25	18.03	−0.15	−0.07
3#	19.6	19.7	19.4	19.4	1.15	1.37
4#	20.6	20.4	20.45	19.97	1.05	0.57
5#	23.4	24.1	23.35	23.75	2.9	3.78
5-1#	23.6	24.6	23.6	24.35	0.25	0.6
6#	23.7	25.6	23.65	25.23	0.05	0.88
7#	24.7	26.9	24.6	26.57	0.95	1.34
8#	29.0	31.7	28.95	30.63	4.35	4.06
10#	30.8	32.9	30.75	32.08	1.80	1.45
11#	29.8	32.0	29.8	30.98	−0.95	−1.82

表 6-12 干湿平均温度和增加值

测点号	干球温度/℃	湿球温度/℃	干球温度增加值/℃	湿球温度增加值/℃
1#	18.2	15.4	0	0
2#	18.5	15.3	0.3	−0.1
3#	19.7	17.2	1.2	1.9
4#	20.2	18	0.5	0.8
5#	23.8	22	3.6	4
5-1#	24.2	22.9	0.6	0.9
6#	25.2	23.6	1.0	0.7
7#	26.5	24.3	1.3	0.7
8#	31.7	30.4	5.2	6.1
10#	32.9	31.6	1.2	1.2
11#	32.0	31.7	−0.9	0.1

由上面的分析可以看出:从 1# 测点到 11# 测点的路线中,温度基本呈递增趋势,风流温升主要特点如下:

① 在进入工作面运输平巷以前,检修班和生产班的风流温度几乎没有变化;进入运输平巷后,生产班的风流温度明显高于检修班,而零点班的温度最

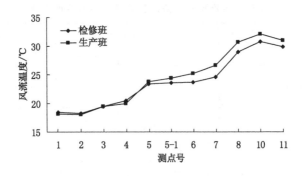

图 6-3　风流温度变化曲线

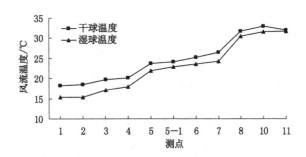

图 6-4　风流干湿温度变化曲线

高。最高相差 2.7 ℃,出现在工作面上端头。

② 工作面内的相对湿度随着沿程风流呈逐渐增大趋势,在工作面回风巷道达到最大值,但是工作面各测点的相对湿度随季节变化不大。

③ 在温升数据和曲线中,有两个温度变化比较大的地点:4# 测点到 5# 测点在生产班的平均温度升高 3.78 ℃,7# 测点到 8# 测点温度升高 4.06 ℃,可以推断这两段巷道内放热量最大。

(5) 工作面热源分析

由上面的测试数据可以看出:1# 测点到 2# 测点、2# 测点到 3# 测点和 3# 测点到 4# 测点的温度均有所升高,由于在 1# 测点到 2# 测点、2# 测点和 3# 测点之间、3# 测点和 4# 测点之间均有少量的风通过联络巷道进入采区胶带道,使绞车道内的风量降低,带走的热量减少,故温度升高。

4# 测点和 5# 测点之间的温升较高值很大,为 3.78 ℃,两点之间的距离并不远,其测点的风流主要由两个部分风汇集到一起。由Ⅳ号测点的温度和 5# 测点的温度相比较可知温度升高的原因是由胶带道进来的风流温度较高。

5#测点和5-1#测点位于工作面的下运输平巷段,在生产班温度变化平均值为0.6 ℃,这是由于胶带运煤过程中煤炭释放热量。

5-1#测点和6#测点离得很近,中间有一转载机,这两点的温度变化平均值为0.88 ℃。分析其原因是转载机在运行过程中会放热,同时转载机上带有破碎机,破碎机在破碎煤炭时煤炭的热量会释放出来。

6#测点和7#测点之间有一部刮板输送机的电动机机头,虽然距离很近但是温度变化较大,为1.2 ℃,结合风量由923 m³/min变化到784 m³/min,可以得出温度升高的原因首先是刮板输送机运转时会产生热量,其次是有近1/6的风漏入采空区内。

温度变化最大的是7#测点到8#测点,生产班平均温升达到了4.06 ℃,这两点是工作面的下端头和上端头,说明大部分的热量是在采煤机落煤和落煤后,由煤壁和落下的煤体释放出来的热量。由于该地区的原岩温度(36.4 ℃)高于风流温度,而采煤后的煤岩体又是最新揭露的岩体,原岩热量在采煤前没有机会释放,故工作面的温度升高较快。同时,工作面有效风量仅为正常通风的85%,到工作面中部甚至更低,这也是风流经过工作面后温度显著升高的原因之一。

8#测点位于工作面的上端,10#测点位于工作面的回风平巷靠近工作面的位置,该点风速较大,这两点的温度变化也较大。经分析,原因是在这两点之间有刮板输送机的上机头,同时进风时漏入采空区内的风在上隅角处回到回风平巷中,因而10#测点的温度较高。

10#测点和11#测点位于回风平巷的两端,当风流到达11#测点时,风流的温度有所降低,湿度也有所减少,因为回风平巷经过长期通风,巷道壁温度远低于原岩温度,对从工作面过来的风流有降温作用。

由上面的分析可知回采工作面的温度较高,主要热源有以下几个部分:

① 煤体放热。由于在采煤机落煤过程中,以及煤在破碎过程中放热,同时暴露的煤壁与流过的风流产生热交换,使工作面的风流温度升高,这是工作面的主要热源。

② 煤炭在胶带运输过程中放热。在运输过程中,由于胶带上刚采下来的煤炭会释放大部分热量,与风流进行热交换。

③ 机器设备放热。在3#测点和4#测点中间的联络巷道中有两台干式变压器和液压泵站,风流经3#点进入联络巷道,通过变电硐室进入胶带道,在进入胶道前的Ⅲ点的温度与3#测点的温度变化很大,表明有大部分热量进入胶带道,随风流进入工作面。同时,在生产班时,在刮板输送机两个机头的两端,转载机的两端,温度变化都很大。

④ 采空区氧化放热。由8#测点和10#测点的温度变化可以看出:这个部

分温度的升高是因为采空区的风从采空区内带出来热量。这些热量由两个部分组成,一部分是顶板冒落后岩体释放的热量,另一部分是采空区遗落的煤炭氧化所放出来的热量。

⑤ 其他热源。井下工作人员释放出来的热量、运输机工作时摩擦生热等热源,与其他热源相比,其放热量较小。本工作面无涌水现象,不存在热水放热问题。

(6)热源放热量计算

根据第 2 章热源散热量的计算,可以得到工作面的各个主要热源的放热量,见表 6-13。由计算结果可知:危害工作面气候环境的主要热源是煤体放热和机器设备放热,同时运输过程中煤炭放热量也占有一定比例,如图 6-5 所示。

表 6-13 工作面热源放热量　　　　　　　　　　　　单位:kW/s

热源类型	围岩放热	机电设备放热	煤岩氧化放热	运输放热	人员放热
放热量	104.72	48.5	11.22	15.4	3.1

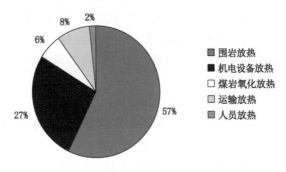

图 6-5 工作面热源放热比例

6.3 提出初步降温方案

由测定结果可知:东海煤矿五采区回采工作面最高温度在 30 ℃以上,经分析,其主要热源有煤体散热、运输中的煤炭放热和机械设备放热。由原岩温度测定结果可知:目前五采区属于一级热害区,热害问题不突出,因此采用非制冷降温技术进行热害治理。根据东海煤矿的实际情况,分析论证后确定了两个技术上可行且比较经济的降温方案。

(1)方案一:局部热源单独回风。

将采区干式变压器和泵站散发的热量进行单独回风。

由五采区左十工作面的沿程风流测试数据可以看出:新鲜风流经过采区下部车场时混入了从运煤胶带巷过来的风流,该风流混入前后巷道内温度变化较大(增加了 3.6 ℃)。这部分风流先经过采区干式变压器、液压泵站后进入工作面进风平巷。由表 6-3 可知:干式变压器前后温差有 5 ℃(3$^\#$ 测点和Ⅲ测点温度值)。如果能使新鲜风流避开干式变压器放热带来的温度升高,可以降低工作面进风风温。

(2) 方案二:减少漏风量,增加工作面的风量。

调节通风系统,提高工作面的风量,将工作面入风量提高到 1 200 m³/min,同时在工作面上隅角设置挡风墙,减少工作面漏风。

由测试数据可知:风流通过回采工作面时温度升高最大,实测回采工作面的入风量为 926 m³/min,但是由于是高档普采面,采空区漏风比较严重,工作面有效风量低。通过在工作面上隅角设置挡风墙(幕),提高工作面的有效风量,同时适当增加通过工作面的风量,达到降温的目的。

6.4　降温效果预测与最终方案确定

根据确定的两个初步降温方案,按照工作面的实际情况,建立仿真模型进行风温预测,根据预测结果选择最佳方案。

6.4.1　模型建立

(1) 生产基本参数和热源

五采区左十回采工作面长度为 186 m,工作面采高为 1.4 m,断面面积为 7 m²,工作面最大控顶距为 5 m,进风顺槽断面面积为 6.5 m²,平均高度为 2 m,工作面风量为 926 m³/min,如图 6-6 所示,模型工作面长 186 m。

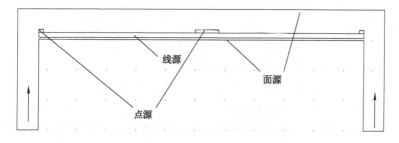

图 6-6　工作面风温预测模型

工作面内热源有设备(刮板输送机和采煤机)放热、采空区放热和工作面煤壁放热、工作面运输煤岩放热,为简化模型,人员放热等其他热源不予考虑,与工作面相连的顺槽不放热。

(2)边界条件

① 流体边界。

a. 工作面顺槽进风量与回风量相等,认为采空区不漏风;

b. 顺槽两帮、工作面煤壁、工作面内机电设备的空气流动边界值设为"无滑移",采空区设置为"中性",空气可以进入采空区。

② 热力学边界。

a. 工作面顺槽两帮假定不发生热交换,设置值为"绝缘";

b. 进风顺槽断面热力学边界设置为"温度",其值等于工作面进风风流温度,回风顺槽断面设置为"对流通量",可以与外界进行热交换,即出口风温;

c. 工作面煤壁和采空区按温度设置,其温度为原岩温度 309.59 K (36.44 ℃);

d. 工作面机械设备放热量按表 6-13 值设定为(48.5 kW/s);

e. 工作面运输的煤炭发热设置成"温度",值设置为 306.09 K (32.94 ℃),其值是根据第 2 章的式(2-9)按原岩温度－3.5 ℃给定。

6.4.2 仿真参数设定

(1)方案一:局部热源单独回风仿真参数。

由测试数据分析得知:4$^\#$测点到 5$^\#$测点的风温上升了 3.6 ℃(表 6-12),如果开掘回风联络巷道与回风巷道相连,采用对局部热源进行单独回风的降温方法,在其他条件不变的情况下,那么 4$^\#$测点到 5$^\#$测点的风温就不会有太大变化,可以知道工作面进风风温(6$^\#$点)为 25.2－3.6＝21.6 ℃(294.75 K)。

由前面的测试数据可知:原通风系统中风流由胶带道进入运输平巷,风量增加了 50 m³/min(4$^\#$测点到 5$^\#$测点,风量由 876 m³/min 增加到 926 m³/min),而在调整通风后,改变了局部风流方向,将原来进入胶带道的风量(50 m³/min)由四段绞车道进入,由联络巷道回风,那么进入工作面的风量变为 826 m³/min,降低了 100 m³/min,所以工作面进风风速为 2.2 m/s。

根据风流温度和风速为初始值对方案一进行仿真计算。

(2)方案二:增加风量仿真参数

方案二是风温不变,通过改造通风系统,使工作面风量增加到 1 200 m³/min,同时在进风上隅角设置挡风墙(长度为 20 m),以减少采空区漏风,方案二的风流温度为 25.2 ℃(298.35 K),风速为 3.0 m/s。

6.4.3　温度预测结果与分析

采用 Simple 算法进行网格划分,采用系统内自适应求解器的方法进行稳态求解,根据工作面沿程风流温度升高的规律,工作面出口的温度即工作面内的最高温度,根据降温效果来选择降温方案。

(1)方案一:局部热源单独回风的仿真结果分析。

① 工作面风流分析。

图 6-7 为工作面内风流速度场的等位图。由图 6-7 可知:风流从右侧巷道进入工作面,冲洗完工作面后由左侧巷道流出。由等位图可知:工作面入风量和出风量相同。工作面中部等位线稀少,向两侧呈对称式增加,表明中部风流速度小,风量低,工作面两端风速大,风流一部分进入了采空区,实际中工作面采用高档普采进行生产,采空区漏风严重,模型与实际相符。

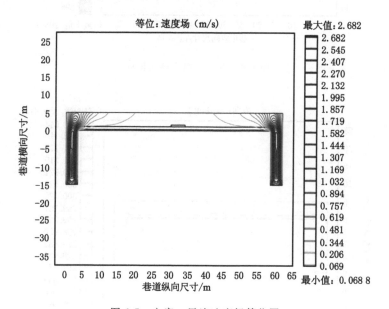

图 6-7　方案一风流速度场等位图

② 工作面风流温度分析。

图 6-8 和图 6-9 分别是方案一工作面温度场表面图和风流温度等位图,可知:工作面风流的最高温度为 302.7 K(29.55 ℃)。

在工作面风流路线上风流温度一直升高。由等位图可知风流在到达采煤机前升温较快,经过采煤机后风流温度升高变缓,主要原因有两个:一是采煤机放热量大,使风流温度升高;二是由工作面下隅角到中部过程中,风量逐渐减小。

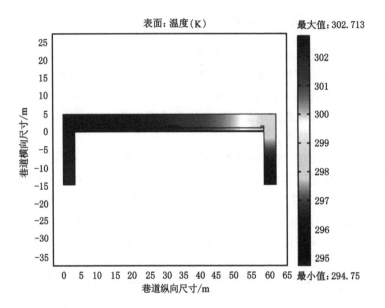

图 6-8　方案一温度场表面图

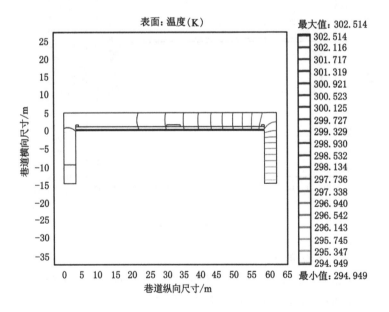

图 6-9　方案一风流温度等位图

由于有部分风流经采空区进入回风顺槽,带回大量的热,因此风流温度经过工作面在回风顺槽内温度还在升高。

(2)方案二:增加风量仿真结果分析。

图6-10为方案二的风流速度场等位图。方案二在下隅角处设置了20 m挡风墙,下隅角的风流没有直接进入采空区,经过挡风墙后才逐渐向采空区流动。工作面中部风量较低,但是进入工作面内的风量比方案一大。

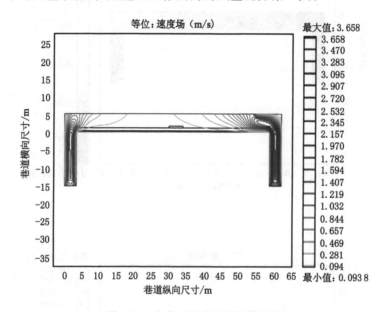

图6-10　方案二风流速度场等位图

图6-11和图6-12分别为方案二工作面温度场表面图和风流温度等位图。风流温度升高的规律和方案一类似,方案二工作面风流的最高温度为304.4 K(31.25 ℃)。

(3)最终方案。

通过对方案一和方案二的降温效果进行预测,可知方案一降温效果优于方案二,即采取局部热源单独回风的降温方案更有利于治理工作面热害。

通过数值仿真可以得出:增加工作面风量在一定程度上可以降低风流的温度,但降温幅度有限。

设置挡风墙可以减少矿井风流以射流形式进入采空区,但是要通过增加工作面有效风量,应从开采工艺考虑。

通过对两种降温方案的仿真预测,表明数值仿真的方法可以用于对矿井降温多方案进行优选。

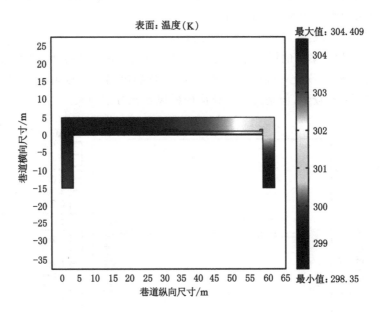

图 6-11　方案二温度场表面图

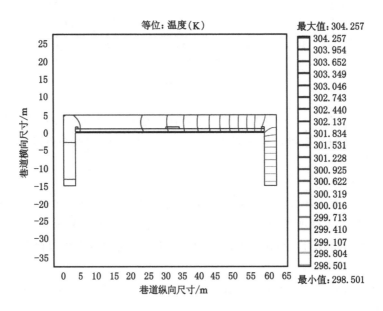

图 6-12　方案二风流温度等位图

6.5 现场应用效果对比

东海矿根据实际生产情况和经济因素最终采用了方案一,即采用局部热源单独回风的降温方法。具体的做法是掘进一个联络巷道调节风量,将胶带道内两个顺槽之间的风流改变了方向,如图 6-13 所示,经 32# 右九路中干式变压器的风流直接由联络巷道进入回风巷道,不再经过工作面。

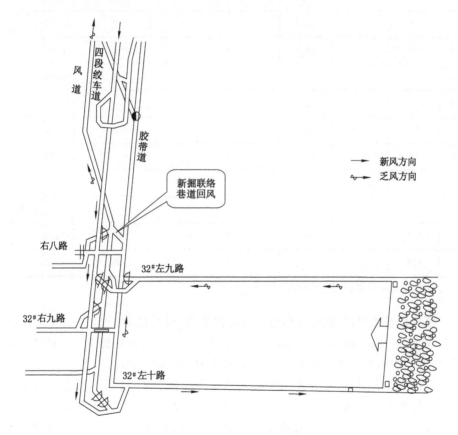

图 6-13 改造后的通风路线图

采用方案一后,为了比较降温效果,对工作面沿程风流进行了测量,本次只测了风量和风流中的干球温度,测量结果见表 6-14。

表 6-14 风流测试数据表

序号	测点	大气压/hPa	干温度/℃	湿温度/℃	相对湿度/%	风量/(m³/min)	时刻	备注
1	地面		8.5				14:28	
2	−450 m		17.6				15:22	
3	1#		17.4			1 746	16:05	
4	2#		18.3			1 042	16:15	
5	3#		19.2			782	16:25	
6	4#		20.3			876	16:30	
7	5#		20.6			826	16:42	
8	5-1#		21.2				16:52	
9	6#		22.3			824	17:06	
10	7#		23.7			677	17:20	
11	8#		29.3			656	17:32	
12	9#							上隅角
13	10#		30.4			807	17:45	
14	11#		29.8			798	18:12	

注:时间:10 月 13 日;班次:生产班;天气:晴。

原通风系统中,风流由胶带道进入运输平巷,风量增加了 50 m³/min(4# 测点到 5# 测点,风量由 876 m³/min 增加到 926 m³/min),而新掘了一个联络巷道后,进入工作面的风量降低了 50 m³/min,变为 826 m³/min。

现场实测表明:虽然进入工作面的风量有所减少,工作面风流温度却降低了。工作面运煤平巷入口处(5# 测点)风流温度为 20.6 ℃,与未采取降温方案时降低了 3.2 ℃;工作面上隅角处(10# 测点)的风流温度为 30.4 ℃(预测值为 29.55 ℃),与未采取降温方案时降低了 2.5 ℃。由图 6-14 可知:采取了降温措施后,风流温度与原温度相比,进入工作面前平均降低了 3.0 ℃,工作面内平均降低了 2.5 ℃。

经过改进通风方式后,工作面各点的风流温度大幅度降低,井下作业环境得到改善。

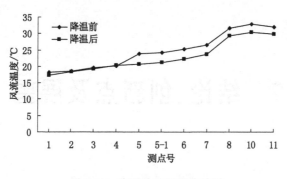

图 6-14 降温前后风温曲线图

6.6 本章小结

对东海矿五采区 32# 煤层左十回采工作面进行热害调查后，经分析后确定了工作面的主要热源，提出了可行性降温方案。采用数值仿真方法对降温方案进行优化，分析应用效果后得到如下结论：

（1）经过对东海矿五采区回采工作面热源调查分析，确定主要热源为围岩放热和机电设备放热，矿井热害产生的主要原因：一是开采深度增加，围岩放热量增加，二是老矿区通风系统复杂，通风不合理导致大型设备放出的热量进入工作面。

（2）针对工作面热害程度，结合矿井实际，提出了局部热源单独回风和减少工作面漏风并提高有效风量的降温方案，采用数值仿真的方法对降温方案进行优选和风温预测。预测结果表明：该方案使工作面入风风流温度有了明显降低，降温方案合理可行。现场应用表明：所确定的降温方案实施费用低，对生产无影响，有良好的经济效益，与未降温前相比，该方案使工作面入风风流温度平均降低了 3.0 ℃，工作面内风流温度平均降低了 2.5 ℃。

7 结论、创新点及展望

7.1 结论

本书结合煤矿开采逐渐向深部发展的现状,针对目前矿井降温工作中存在的一些问题和不足,主要包括引起矿井热害主要热源确定的理论和方法不够成熟,矿井风流温度预测计算复杂,不确定参数众多等问题展开研究。本书以矿井热源的解析确定为切入点,采用理论分析、数值模拟、现场调查和工程验证等方法进行了矿井热源传热温度场分布与矿井沿程风温预测的研究工作,主要工作结论如下:

(1) 对矿井高温热源的分类进行了研究,提出了矿井热源按照热量来源、空间尺度、放热是否受外界影响进行分类的方法,论述了每种分类方法的目的,分析了其放热规律及特点,对矿井热源解析方法进行了研究,提出在测定原岩温度和矿井沿程风温分布状态后,采用分源计算法确定热源放热量,为制订合理的降温方案提供了依据。

(2) 采用 Comsol Multiphysics 多物理场耦合分析软件,根据矿井热源的特点,分别模拟了点源、线源和面源三类热源与风流的热交换过程和温度场分布。研究结果表明:风流温度升高随热源放热量的增加而升高,随热源的空间尺度范围的扩大而升高,随风流速度的增加而降低;风流温度场的分布随热源的空间位置和空间尺度不同而变化。

(3) 根据矿井空气与环境热交换规律,通过对矿井巷道内的热源分布和风流影响因素的研究,提出了根据巷道内的热源分布及放热量,计算每一段巷道的温度升高,沿风流流向逐段累加各段巷道温度升高的矿井沿程风流参数预测的方法,建立了风流热力学参数预测的计算模型。

(4) 采用数值模拟方法对井下各类巷道内的多个热源的放热状态进行耦合计算,预测热交换后巷道末端的风流温度和温度场分布规律。通过计算机仿真,可以预测点源、线源和面源耦合作用下巷道内风流的温度升高和温度场演化规律,在多个热源共同作用下,能够对矿井热害进行定性和定量分析。

（5）在分析当前矿井降温技术的基础上提出采用计算机仿真方法对降温效果进行预测和降温方案选择，通过对各个可行性降温方案进行降温效果预测。根据预测的风温结果确定可行性方案，对可行性方案进行经济分析后确定最终方案。

（6）以实际生产矿井——鸡煤集团东海矿五采区回采工作面为工程背景，通过现场调研与热源解析后，提出局部热源单独回风和增加风量的可行性降温方案，采用 Comsol Multiphysics 分析软件对其进行了计算机仿真，分析结果表明局部热源单独回风方案更优。降温方案经现场应用后，实际降温幅度接近预测值，表明可以采用计算机仿真的方法进行矿井降温效果预测和降温方案选择。

7.2　创新点

（1）对井下热源按空间尺度分为点源、线源和面源，采用数值模拟方法对风流与热源的传热机理进行研究，获得了热源与风流热交换的基本规律。

（2）建立了矿井沿程风流温度预测模型，并采用数值模拟方法对多热源作用下的风流温度场进行了预测。

（3）在对矿井降温可行性方案的降温效果预测和经济效益分析的基础上，建立了基于数值仿真的矿井降温方案优化方法。

7.3　展望

矿井热害是煤矿深部开采所面临的一个难题，井下风流温度预测又是一项复杂的工作，涉及地质工程、采矿工程、通风安全、空调制冷以及环境卫生等多个学科领域，有一些问题在今后的学习中还需要进一步研究。

（1）在矿井降温方案的优选上，主要根据降温效果和经济因素来确定，应全面考虑影响降温技术的因素，包括降温技术的成熟情况、设备的安全可靠性以及对生产的干扰等因素。

（2）深入研究井下巷道围岩内部、围岩与风流的传热机理，将井下空气中粉尘浓度、围岩中瓦斯含量和围岩调热圈等因素考虑在内后，再对井下温度场分布进行数值模拟研究，所得出的结果会更加科学、准确，而且更接近实际。

参 考 文 献

[1] 李化敏,付凯.煤矿深部开采面临的主要技术问题及对策[J].采矿与安全工程学报,2006,23(4):468-471.

[2] 谭海文.金属矿山深井热害产生原因及其治理措施[J].采矿工程,2007,28(2):20-23.

[3] 王其扬.煤矿热害分析及防治措施[J].矿山压力与顶板管理,2003(4):111-112,115.

[4] 谢和平,彭苏萍,何满潮.深部开采基础理论与工程实践[M].北京:科学出版社,2006.

[5] 梁政国.煤矿山深浅部开采界线划分问题[J].辽宁工程技术大学学报(自然科学版),2001,20(4):554-556.

[6] 谢和平,周宏伟,薛东杰,等.煤炭深部开采与极限开采深度的研究与思考[J].煤炭学报,2012,37(4):535-542.

[7] 刘卫东,张岩松,王丽华.我国煤矿高温矿井摸底调查情况[J].职业与健康,2012,28(9):1136-1138.

[8] 刘何清.高温矿井井巷热质交换理论及降温技术研究[D].长沙:中南大学,2009.

[9] 朱能,赵靖.高热害煤矿极端环境条件下人体耐受力研究[J].建筑热能通风空调,2006,25(5):34-37.

[10] 王建学,郭鑫禾,赫淑坤.高温采面围岩与风流的不稳定换热及氧化散热的计算[J].河北煤炭建筑工程学院学报,1995(3):18-23.

[11] 左金宝.高温矿井风温预测模型研究及应用[D].淮南:安徽理工大学,2009.

[12] 彭开良,杨磊.物理因素危害与控制[M].北京:化学工业出版社,2006.

[13] 朱建军.高温作业场所危险性分析[J].镇江高专学报,2003,16(1):44-45,48.

[14] 陈卫红,陈镜琼,史廷明,等.职业危害与职业健康安全管理[M].北京:化学工业出版社,2006.

[15] 王文,桂祥友,王国君.矿井热害的产生与治理[J].工业安全与环保,2003,

29(4):33-35.

[16] 邢娟娟,刘卫东,王秀兰.煤矿井下工人体力劳动负荷及疲劳调查研究[J].劳动保护科学技术,1998(4):54-57.

[17] 邢娟娟.煤矿工人体能负荷与工伤事故关系研究[J].中国安全生产科学技术,2005,1(4):19-21.

[18] 邢娟娟,刘卫东,孙学京,等.中国煤矿工人体能负荷、疲劳与工伤事故[J].中国安全科学学报,1996,6(5):31-34.

[19] 李艳军,焦海朋,李明.高温矿井的热害治理[J].能源技术与管理,2007(6):45-47.

[20] 余恒昌.矿山地热与热害治理[M].北京:煤炭工业出版社,1991.

[21] 袁东升,王德银,全洪昌.矿山热灾害防治[M].徐州:中国矿业大学出版社,2008.

[22] DIERING D H. Ultra-deep level mining-future requirements[J]. Journal of South African institute of mining and metallurgy,1997,97(6):249-255.

[23] DIERING D. Tunnels under pressure in an ultra-deep Witswatersrand gold mine [J]. Journal of South African institute of mining and metallurgy,2000,100(6):319-324.

[24] VOGEL M,ANDRAST H P. Alp transit-safety in construction as a challenge health and safety aspects in very deep tunnel construction[J]. Tunnelling and underground space technology,2000,15(4):481-484.

[25] J.查德威克,高战敏.南非金矿井的深部开采技术[J].国外金属矿山,1997(6):29-34.

[26] KIDYBINSKI A Q. Strata control in deep mines[M]. Rotterdam:A. A. Balkema,1990.

[27] 菲利普·安德鲁斯-斯皮德,王燕燕.中国能源政策的成效与挑战[J].国外理论动态,2005(8):32-36.

[28] AN SHEHERBAN. Aerodynamic and thermal conditions at the faces of blind mine workings[J]. The international conference on safety in mines research,1977(10):107-112.

[29] MEQUAID J. Possible techniques for the control of heat and humidity in underground workings[C]. The 16th International Conference of Safety in Mines Research. [S. l. :s. n.],1975.

[30] 吴先瑞,彭毓全.德国矿井降温技术考察[J].江苏煤炭,1992(4):8-11.

[31] SANDBERG M. What is ventilation efficiency? [J]. Building and environment,

1981,16(2):123-135.

[32] HAMDI M,LACHIVER G,MICHAUD F. A new predictive thermal sensation index of human response[J]. Energy and buildings,1999,29(2):167-178.

[33] 瓦斯通风防灭火安全研究所.矿井降温技术的 50 年历程[J].煤矿安全，2003,34(增刊):28-32.

[34] 霍尔.矿井通风工程[M].侯运广,等,译.北京:煤炭工业出版社,1988.

[35] 王景刚,乔华,冯如彬.深井降温冰冷却系统的应用[J].暖通空调,2000,30(4):76-77.

[36] 林瑞泰.热传导理论与方法[M].天津:天津大学出版社,1992.

[37] 切列梅斯基.实用地热学[M].赵羿,陈明,译.北京:地质出版社,1982.

[38] 舍尔巴尼,克列姆涅夫,茹拉夫连科.矿井降温指南[M].黄翰文,译.北京:煤炭工业出版社,1982.

[39] 秦跃平,秦凤华,徐国峰.制冷降温掘进工作面的风温预测及需冷量计算[J].煤炭学报,1998,23(6):611-615.

[40] 王补宣.工程传热传质学[M].北京:科学出版社,1982.

[41] 岑衍强,侯棋棕.矿内热环境工程[M].武汉:武汉工业大学出版社,1989.

[42] 吴中立.矿井通风与安全[M].徐州:中国矿业大学出版社,1989.

[43] 郭勇义,吴世跃.矿井热工与空调[M].北京:煤炭工业出版社,1997.

[44] 张国枢.通风安全学[M].徐州:中国矿业大学出版社,2007.

[45] 杨胜强.高温、高湿矿井中风流热力动力变化规律及热阻力的研究[J].煤炭学报,1997,22(6):627-631.

[46] 苏昭桂.巷道围岩与风流热交换量的反演算法及其应用[D].青岛:山东科技大学,2004.

[47] 杨德源.矿井风流热交换[J].煤矿安全,2003,34(B09):94-97.

[48] 汪峰,王雷,于宝海,等.高温矿井风流热力参数测定及其变化规律和热湿源的分析[J].煤矿现代化,2004(3):51-53.

[49] 胡军华.高温深矿井风流热湿交换及配风量的计算[D].青岛:山东科技大学,2004.

[50] 高建良,张学博.潮湿巷道风流温度及湿度计算方法研究[J].中国安全科学学报,2007,17(6):114-119.

[51] 刘亚俊,贾德祥,童庆丰.矿井三维地温场的反演分析[J].阜新矿业学院学报,1995(2):8-11.

[52] 孙树魁,张树光.埋深对井巷温度场分布影响的研究[J].辽宁工程技术大学学报(自然科学版),2003,22(3):301-302.

[53] 张树光,孙树魁,张向东,等.热害矿井巷道温度场分布规律研究[J].中国地质灾害与防治学报,2003,14(3):9-11.

[54] 李学武.山东济三煤矿热环境参数分析及通风降温可采深度研究[D].青岛:山东科技大学,2004.

[55] 袁梅,王作强,章壮新.矿井空气热力状态参数的计算机预测[J].煤炭科学技术,2003,31(5):36-38.

[56] 李杰林,周科平,邓红卫,等.深井高温热环境的数值评价[J].中国安全科学学报,2007,17(2):61-65.

[57] 侯祺棕,沈伯雄.井巷围岩与风流间热湿交换的温湿预测模型[J].武汉工业大学学报,1997(3):123-127.

[58] 吴强,秦跃平,郭亮,等.掘进工作面围岩散热的有限元计算[J].中国安全科学学报,2002,12(6):33-36.

[59] SUN P D. A new computation method for the unsteady heat transfer coefficient in deep mine[J]. Journal of coal science and engineering,1999,5(2):57-61.

[60] 秦跃平,秦凤华,于明学.用有限单元法研究回采工作面围岩散热[J].辽宁工程技术大学学报(自然科学版),1999,18(4):342-346.

[61] 周西华,王继仁,卢国斌,等.回采工作面温度场分布规律的数值模拟[J].煤炭学报,2002,27(1):59-63.

[62] 周西华,单亚飞,王继仁.井巷围岩与风流的不稳定换热[J].2002,21(3):264-266.

[63] 高建良,魏平儒.掘进巷道风流热环境的数值模拟[J].煤炭学报,2006,31(2):201-205.

[64] 张树光,贾宝新.热害矿井气流与围岩热交换的数值模拟[J].科学技术与工程,2006,6(24):3832-3835.

[65] 高建良,杨明.巷道围岩温度分布及调热圈半径的影响因素分析[J].中国安全科学学报,2005,15(2):73-76.

[66] 郭平业.我国深井地温场特征及热害控制模式研究[D].北京:中国矿业大学(北京),2009.

[67] 曹秀玲.三河尖矿深井高温热害资源化利用技术[D].北京:中国矿业大学(北京),2010.

[68] 谢本贤.铜绿山铜铁矿矿井通风系统优化改造设计研究[M].长沙:中南大学,2004.

[69] 孙树魁,孙宇,郦俊德.热害矿井中喷射混凝土支护对风流温升的影响[J].

辽宁工程技术大学学报(自然科学版),1999,18(1):1-4.

[70] 杨铁春,尹永贵,钮金生.热害矿井主要巷道断面和支护的合理形式[J].阜新矿业学院学报,1992(2):55-60.

[71] 郭文兵,涂兴子,姚荣等.深井煤矿巷道隔热材料研究[J].煤炭科学技术,2003,31(12):23-27.

[72] HU Y N,KOROLEVA O I,KRSTIĆ M. Nonlinear control of mine ventilation networks[J]. Systems and control letters,2003,49(4):239-254.

[73] 袁世伦.深井开采工作面通风与降温技术研究[J].中国矿山工程,2007,36(2):1-3.

[74] 胡春胜.矿井集中空调技术中几个关键问题的探讨[J].煤矿设计,1998(1):43-46.

[75] MOSER P. Mine cooling system[J]. Sulzer technical review,1985,67(2):21-24.

[76] 刘忠宝,王浚,张书学.高温矿井降温空调的概况及进展[J].真空与低温,2002,8(3):130-134.

[77] CHEN N,YAN X K. Research on the application of disearded coal mine in geothermal air-conditioning technology[J]. ACRA 2004 proceedings,2004(3):238-244.

[78] 韩学廷.矿井降温冷源与煤矿热电冷联产[J].节能,1996,15(2):28-30.

[79] 卫修君,胡春胜.矿井降温理论与工程设计[M].北京:煤炭工业出版社,2008.

[80] 矿井降温技术应用发展与研究现状[R].青岛:山东科技大学,2009.

[81] 兖矿集团巨野矿区矿井降温国内外调研报告[R].邹城:兖州矿业集团有限公司,2006.

[82] 兖矿集团济二、济三矿井降温国内调研报告[R].邹城:兖州矿业集团有限公司,2009.

[83] 周峰.煤矿深井开采低温辐射降温技术问世[J].煤矿机械,2005,26(10):134.

[84] 刘忠宝,王浚,张书学.高温矿井降温空调的概况及进展[J].真空与低温,2002,8(3):130-134.

[85] 刘文宝,陈金玉,孙京凯.千米深井热害研究与治理技术[J].煤矿开采,2008,13(5):97-99.

[86] 陈平.采用压气供冷的新型矿井集中空调系统[J].矿业安全与环保,2004,

31(3):1-3.

[87] 陈平.均匀供冷采煤工作面送风器的布置[J].矿业安全与环保,2004,
31(3):7-9.

[88] 张朝昌,厉彦忠,苏林,等.透平膨胀制冷在高温矿井降温中的应用[J].西
安科技学院学报,2003(4):397-399.

[89] 王伟.矿井用冷热电联产系统的制冷系统设计研究[D].合肥:合肥工业大
学,2006.

[90] LIU H Q,HAO X L,WANG Y J,et al. Study and practice of the controlling
technique on heat-harm during the tunneling in Zhaolou mine[J]. Engineering
sciences,2008,6(4):31-35.

[91] XIN S,WANG Z P,ZHANG X Y,et al. Research on prevention and cure
against heat-harm in constructing mines[J]. Mining science and technology,
2007,13(3):271-275.

[92] 何满潮.HEMS深井降温系统研发及热害控制对策[J].中国基础科学,
2008,10(2):11-16.

[93] 张毅,郭东明,何满潮.深井热害控制工艺系统应用研究[J].中国矿业,
2009,18(1):85-87.

[94] 郎庆田,袁秋新,王维,等.一种矿井水水源热泵空调装置:CN201043829Y
[P].2008-04-02.

[95] 卫修君,胡春胜,张建国,等.矿用低温制冷降温装置:CN201074522Y[P].
2008-06-18.

[96] 卫修君,胡春胜.热-电-乙二醇低温制冷矿井降温技术的研究及应用[J].矿
业安全与环保,2009,36(1):20-22.

[97] 胡汉华,古德生.矿井移动空调室技术的研究[J].煤炭学报,2008,33(3):
318-321.

[98] 胡汉华.深热矿井环境控制[M].长沙:中南大学出版社,2009.

[99] 陈宁,彭伟.矿井降温服装:CN100563489C[P].2009-12-02.

[100] 舒孝国,肖福坤.深部矿井内热源分析[J].煤炭技术,2006,25(7):
105-107.

[101] 吴子牛.计算流体力学基本原理[M].北京:科学出版社,2001.

[102] 杨世铭.传热学[M].2版.北京:高等教育出版社,1980.

[103] J.P.霍尔曼.传热学[M].马庆芳,等,译.北京:人民教育出版社,1979.

[104] 雷柯夫.传热学理论[M].裘烈钧,丁履德,译.北京:高等教育出版
社,1956.

[105] 陶文铨.传热学[M].西安:西北工业大学出版社,2006.

[106] 肖知国.高温综采工作面冷负荷的核定与温度场数值模拟[D].淮南:安徽理工大学,2004.

[107] 王英敏,朱毅.计算机仿真在巷道围岩与风流热交换研究中的应用[J].煤矿安全,1984(6):1-9.

[108] 侯祺棕.高温矿井气温计算探讨[J].煤炭工程,1981,13(1):10-14.

[109] 侯祺棕.平顶山八矿采面风流热力规律研究[J].煤炭科学技术,1987,15(10):12-15.

[110] 刘玉顺.矿井风流温度的近似计算[J].黄金,1991,12(7):24-27.

[111] DEL CASTILLO DO,BURN A,PIETERS A,et al. The design and implementation of a 17MW thermal storage cooling system on a South African mine[C]. International Congress of Refrige ratio. Washington, D. C. :[s. n.],2003:1-8.

[112] LOWNDES I S,PICKERING S J,TWORT C T. The application of energy analysis to the cooling of a deep UK colliery[J]. Journal of the Southern African institute of mining and metallurgy,2004,104(7):381-396.

[113] 陈永平,施明恒.应用分形理论的实际多孔介质有效导热系数的研究[J].应用科学学报,2000,18(3):263-266.

[114] 秦跃平,党海政,曲方.回采工作面围岩散热的无因次分析[J].煤炭学报,1998,23(1):62-66.

[115] 秦跃平,党海政,刘爱明.用边界单元法求解巷道围岩的散热量[J].中国矿业大学学报(自然科学版),2000,29(4):403-406.

[116] 王文,桂祥友,王国君.矿井热害的产生与治理[J].工业安全与环保,2003,29(4):33-35.

[117] 程卫民,陈平.我国煤矿矿井空调的现状及亟待解决的问题[J].暖通空调,1997,27(1):17-19.

[118] 胡军华.高温深矿井风流热湿交换及配风量的计算[D].青岛:山东科技大学,2004.

[119] 陈安明.济二煤矿深部开采热害调查及治理技术研究[D].西安:西安科技大学,2006.

[120] 陈平.采用压气供冷的新型矿井集中空调系统[J].矿业安全与环保,2004,31(3):1-3.

[121] 刘何清.高温矿井井巷热质交换理论及降温技术研究[D].长沙:中南大学,2009.

[122] 宋桂梅,张朝昌.高温矿井独头掘进面空气调节的一种新系统[J].制冷与空调(四川),2006,20(3):5-8.

[123] 张灿.冰输冷降温系统的研究与应用[D].青岛:山东科技大学,2006.

[124] 王伟.矿井用冷热电联产系统的制冷系统设计研究[D].合肥:合肥工业大学,2006.

[125] 王勇.煤矿瓦斯发电及热电冷联供技术研究[J].工矿自动化,2006,32(5):8-11.

[126] LIU H Q. Study and practice of the controlling technique on heat-harm during the tunneling in Zhaolou mine[J]. Engineering sciences,2008,6(4):31-35.

[127] XIN S,WANG Z P,ZHANG X Y,et al. Research on prevention and cure against heat-harm in constructing mines[J]. Mining science and technology,2007,13(3):271-275.

[128] PILLER M. Direct numerical simulation of turbulent forced convection in a pipe[J]. International journal for numerical methods in fluids,2005,49(6):583-602.

[129] MCELIGOT D M,TAYLOR M F. The turbulent Prandtl number in the near-wall region for low-Prandtl-number gas mixtures[J]. International journal of heat and mass transfer,1996,39(6):1287-1295.

[132] 中仿科技有限公司.Comsol Multiphysics 有限元法多物理场建模与分析[M].北京:人民交通出版社,2007.